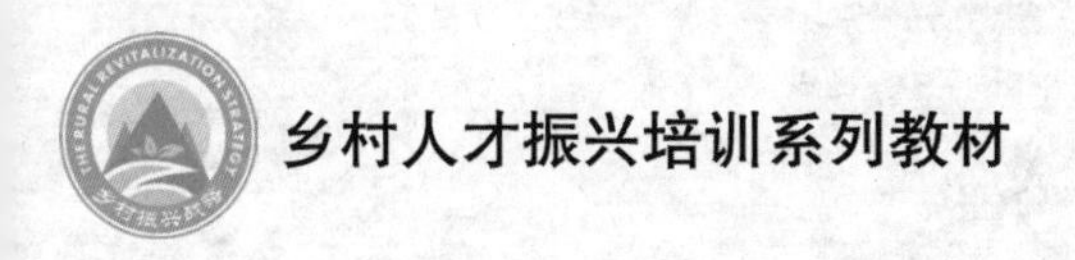

乡村人才振兴培训系列教材

乡村振兴理论与实践

章　彦　冯雪彬　刘小平　主编

XIANGCUN ZHENXING
LILUN YU SHIJIAN

中国农业科学技术出版社

图书在版编目(CIP)数据

乡村振兴理论与实践 / 章彦，冯雪彬，刘小平主编. --北京：中国农业科学技术出版社，2022.8

ISBN 978-7-5116-5851-7

Ⅰ. ①乡… Ⅱ. ①章…②冯…③刘… Ⅲ. ①农村-社会主义建设-中国 Ⅳ. ①F320.3

中国版本图书馆 CIP 数据核字(2022)第 135525 号

责任编辑 张志花
责任校对 李向荣
责任印制 姜义伟 王思文

出 版 者 中国农业科学技术出版社
北京市中关村南大街 12 号 邮编：100081
电 话 (010) 82106636 (编辑室) (010) 82109702 (发行部)
(010) 82109709 (读者服务部)
网 址 http://www.castp.cn
经 销 者 各地新华书店
印 刷 者 北京地大彩印有限公司
开 本 140 mm×203 mm 1/32
印 张 6
字 数 155 千字
版 次 2022 年 8 月第 1 版 2022 年 8 月第 1 次印刷
定 价 28.00 元

编委会

前言

实施乡村振兴战略，是解决新时代我国社会主要矛盾、实现“两个一百年”奋斗目标和中华民族伟大复兴中国梦的必然要求。“乡村振兴战略”的提出，是我们党在农业农村发展理论和实践上的又一次重大飞跃，是新时代农业农村工作的总纲领和中心任务，是解决“三农”问题、全面激发农村发展活力的重大行动。乡村振兴战略的实施，标志着我国乡村发展将进入一个崭新的阶段，也预示着一个以乡村振兴为基础的农业农村现代化建设新时代即将到来。

本书共分 10 章，包括《中华人民共和国乡村振兴促进法》解读、优化城乡空间布局、发展壮大乡村产业、加快推进农业现代化、建设生态宜居美丽乡村、繁荣发展乡村文化、构建现代乡村治理体系、保障和改善农村民生、乡村振兴政策支撑体系和乡村振兴发展模式案例。本书注重实用实效、通俗易懂、理论结合实践，能够对各地实施乡村振兴战略提供一定的借鉴和启示。

由于时间仓促，水平有限，书中难免存在不足之处，欢迎广大读者批评指正！

编　者

2022 年 5 月

目录

第一章 《中华人民共和国乡村振兴促进法》解读

2021年4月29日，《中华人民共和国乡村振兴促进法》（以下简称《乡村振兴促进法》）由中华人民共和国第十三届全国人民代表大会常务委员会第二十八次会议通过，自2021年6月1日起施行。这是我国第一部直接以“乡村振兴”命名的法律，也是一部全面指导和促进乡村振兴的法律。

第一节 《中华人民共和国乡村振兴促进法》出台的背景和意义

一、出台的背景

当前，我国社会的主要矛盾已经转化为人民日益增长的美好生活需要和不平衡不充分的发展之间的矛盾，而这种不平衡不充分在农业农村发展上主要体现为以下4个方面。

（一）乡村“空心化”和老龄化现象比较普遍

由于市场机制的作用与城乡二元体制的运行惯性的相互影响，农村资源要素向城市集聚，大量人口向城市流动。在广大中西部地区，大量青壮年劳动力外出，农村人口结构发生了很大变化，农业从业人员老龄化现象日益突出。从实际情况来看，现有的农村人口科学文化素质已远远不能适应农业农村发展的需要。

（二）集体经济薄弱，资金供给不足

根据农业农村部的统计，截至2018年底，全国农村集体资产总额是4.24万亿元（不包括土地等资源性资产），经营收益5万元以上的村19.9万个，占总数的36.5%；集体没有经营收益的“空壳村”超过19.5万个，占总数的35.8%；经营收益在5万元以下的村有15.2万个，占总数的27.9%。另外，总体上农村发展水平比较低，自我积累能力有限，加上投融资渠道不畅，资金有效供给不足。

（三）农村基础设施不完善，公共服务严重滞后

据统计，目前大约有3万个行政村没有通宽带，2 000个左右村没有通路通电，超过45%的自然村饮用水没有经过净化处理。全国企业退休人员月均基本养老金2 362元，而农村居民领取的养老金月人均只有117元，还有1.5亿农民游离于基本养老保险之外。城镇的学前教育已经普及，但全国56万个村中只有15.5万所幼儿园。这一状况亟待扭转。

（四）农民增收难度日益加大

虽然城乡居民收入差距在不断缩小，但农民收入的增加主要不依靠农业农村，而是高度依赖于农业农村之外的城市产业支撑。长期来看，这种增收模式具有不可持续性，由于农村没有坚实的产业支撑，缺乏足够的就业岗位，很容易造成农村的衰落和凋敝。

城乡发展不平衡已经成为制约我国社会主义现代化发展的短板，迫切需要实施乡村振兴战略，缩小城乡区域发展差距和居民基本生活水平差距，实现城乡基本公共服务均等化，促进乡村全面发展。自党的十九大报告提出实施乡村振兴战略以来，2018年中央一号文件提出制定乡村振兴法，把行之有效的乡村振兴政策法定化，充分发挥立法在乡村振兴中的保障和推动作用。2018

年7月，全国人大常委会启动了乡村振兴法的立法程序，制定《乡村振兴促进法》成为立法机关的一项重要工作。

二、重要意义

(一) 是实施乡村振兴战略的重要保障

党的十九大以来，习近平总书记对实施乡村振兴战略做出了一系列深刻阐述，党中央、国务院采取一系列重大举措推动落实，印发了《中国共产党农村工作条例》，制定了以乡村振兴为主题的中央一号文件，发布了乡村振兴战略规划，召开了全国实施乡村振兴战略工作推进会议，中央政治局就实施乡村振兴战略进行集体学习。《乡村振兴促进法》是贯彻落实习近平总书记重要指示要求和党中央关于乡村振兴的重大决策部署，把乡村振兴的目标、原则、任务、要求等转化为法律规范，与2018年以来中央一号文件、《乡村振兴战略规划（2018—2022年）》、《中国共产党农村工作条例》等共同构建了实施乡村振兴战略的“四梁八柱”，而且是“顶梁柱”，进一步夯实了乡村振兴的制度体系，强化了走中国特色社会主义乡村振兴道路的顶层设计，夯实了良法善治的法律基础。

(二) 是新阶段做好“三农”工作的重要抓手

脱贫攻坚取得胜利后，“三农”工作重心历史性地转向全面推进乡村振兴，对法治建设的需求也比以往更加迫切，更加需要有效发挥法治对于农业农村高质量发展的支撑作用、对农村改革的引领作用、对乡村治理的保障作用、对政府职能转变的促进作用。从世界范围看，一些发达国家在工业化和城镇化进程中，为了缩小城乡差距，都通过立法的方式加大农业农村发展制度供给，使本国农业农村现代化跟上了国家现代化步伐。制定《乡村振兴促进法》，把实践中行之有效的、可复制可推广的“三农”

改革发展经验上升为法律规范，进一步保持政策的连续性、稳定性和权威性，举全党全社会之力推进乡村振兴，加快农业农村现代化，为新阶段促进农业高质高效、乡村宜居宜业、农民富裕富足提供有力法治保障。

（三）是农业农村法律制度体系的重要成果

随着全面依法治国方略深入推进，我国农业法律体系逐步完善。党的十八大以来，农业农村部配合全国人大常委会先后出台或修正了《中华人民共和国农村土地承包法》《中华人民共和国土地管理法》《中华人民共和国种子法》《中华人民共和国动物防疫法》《中华人民共和国长江保护法》《中华人民共和国生物安全法》等一批法律。我国农业农村现行法律法规涵盖了农村基本经营制度、农业产业发展和安全、农业支持保护、农业资源环境保护等领域。《乡村振兴促进法》是深入贯彻落实习近平法治思想和“三农”工作的重要论述，总结提升了“三农”法治实践，明确了各级政府及有关部门推进乡村振兴的职责任务，针对乡村产业、人才、文化、生态、组织等振兴中的重点难点问题提出了一系列举措，并对建立考核评价、年度报告、监督检查等制度提出了具体要求，是农业农村法律制度体系完善的重要成果，标志着乡村振兴战略迈入有法可依、依法实施的新阶段。

第二节 《中华人民共和国乡村振兴促进法》的主要内容

一、关于保障粮食和重要农产品供给

习近平总书记强调，粮食安全的弦要始终绷得很紧很紧，粮食生产必须年年抓紧。自新冠肺炎疫情以来，世界各国都把粮食

安全提高到国家战略安全的高度对待。《乡村振兴促进法》主要从5个方面进行了规定。

（一）把粮食安全战略纳入法治保障

围绕牢牢把住粮食安全主动权，地方各级党委和政府要扛起粮食安全的政治责任，《乡村振兴促进法》中明确，国家实施以我为主、立足国内、确保产能、适度进口、科技支撑的粮食安全战略，坚持藏粮于地、藏粮于技，采取措施不断提高粮食综合生产能力，建设国家粮食安全产业带，确保谷物基本自给、口粮绝对安全。

（二）为解决“两个要害”提供法律支撑

保障粮食安全，要害是种子和耕地。立足重要农产品种源自主可控的目标，《乡村振兴促进法》明确，国家加强农业种质资源保护利用和种质资源库建设，支持育种基础性、前沿性和应用技术研究，实施农作物和畜禽等良种培育、育种关键技术攻关，鼓励种业科技成果转化和优良品种推广等。针对耕地这一粮食生产的“命根子”，在《中华人民共和国土地管理法》《基本农田保护条例》有关规定的基础上，《乡村振兴促进法》针对近年来耕地非农化、非粮化的问题，进一步对农业内部用地做了严格规定，明确严格控制耕地转为林地、园地等其他类型农用地；同时，规定国家实行永久基本农田保护制度，建设并保护高标准农田，要求各省（区、市）应当采取措施确保耕地总量不减少、质量有提高，对保障耕地质量提出了新的更高要求。系列制度设计为稳数量、提质量提供了法治保障，实现坚决打赢种业翻身仗，牢牢守住18亿亩耕地红线的目标。

（三）强化“三保”，实现粮食和重要农产品有效供给

“三保”就是保数量、保多样、保质量。保数量就是要用稳产保供的确定性来应对外部环境的不确定性。保多样、保质量是满足消费者新阶段对丰富多样农产品需求的应有之义。《乡村振

兴促进法》规定，国家实行重要农产品保障战略，采取措施优化农业生产力布局，推进农业结构调整，发展优势特色产业，保障粮食和重要农产品有效供给和质量安全，并专门明确，分品种明确保障目标，构建科学合理、安全高效的重要农产品供给保障体系。

（四）大力发展“三品一标”，推进农业高质量发展

2020 年底的中央农村工作会议要求，深入推进农业供给侧结构性改革，推动品种培优、品质提升、品牌打造和标准化生产，也就是新“三品一标”。《乡村振兴促进法》对推进“三品一标”、提升农产品的质量效益和竞争力做出明确规定，同时还对农业投入品使用做出限制要求，这既是保障增加优质绿色和特色农产品有效供给的现实需要，也是顺应和满足人民对美好生活新期待的具体行动。

（五）对节粮减损做出安排

粮食节约是保障国家粮食安全的重要途径。《乡村振兴促进法》规定，国家完善粮食加工、储存、运输标准，提高粮食加工出品率和利用率，推动节粮减损。通过一手抓立法修规，一手抓标准体系共同推进产业节粮减损，用科技、法治等手段推动粮食全产业链各个环节减损，与《中华人民共和国反食品浪费法》进行衔接，遏制“舌尖上的浪费”，共同推动全社会形成节约粮食、反对浪费的法治氛围。

二、关于乡村建设行动

党的十九届五中全会明确提出要实施乡村建设行动，“十四五”规划纲要做出专章部署，2021 年的政府工作报告也予以突出强调。《乡村振兴促进法》主要从 4 个方面做出了安排。

（一）依法编制村庄规划，分类有序推进村庄建设

乡村建设必须在充分尊重农民意愿上，真正做到“为农民而

建"。《乡村振兴促进法》明确规定，坚持因地制宜、规划先行、循序渐进，顺应村庄发展规律。按照方便群众生产生活、保持乡村功能和特色的原则，因地制宜安排村庄布局，依法编制村庄规划，分类有序推进村庄建设。与此同时，《乡村振兴促进法》强调，严格贯彻村民自治的要求，针对个别地方合村并居中损害农民利益的现象，要严格规范村庄撤并，严禁违背农民意愿、违反法定程序撤并村庄，与《中华人民共和国村民委员会组织法》（以下简称《村民委员会组织法》）等法律法规一起，构建依法保障村民在村庄建设中民主决策、民主管理权利的制度体系。

（二）推动城乡基础设施互联互通

主要是基础设施建设。《乡村振兴促进法》明确规定，县级以上地方人民政府应当统筹规划、建设、管护城乡道路以及垃圾污水处理、消防减灾等公共基础设施和新型基础设施，推动城乡基础设施互联互通。建立政府、村级组织、企业、农民各方参与的共建共管共享机制，全面改善农村水电路气房讯等设施条件，推动公共基础设施往村覆盖、向户延伸，既有利于生活方便，又有利于生产条件改善。

（三）健全农村基本公共服务体系

主要是强化公共服务功能和县域综合服务能力，提升城乡公共服务均等化水平。《乡村振兴促进法》在这方面明确，国家发展农村社会事业，促进公共教育、医疗卫生、社会保障等资源向农村倾斜；健全乡村便民服务体系，培育服务机构与服务类社会组织，增强生产生活服务功能；完善城乡统筹的社会保障制度，支持乡村提高社会保障管理服务水平，提高农村特困人员供养等社会救助水平，支持发展农村普惠型养老服务和互助性养老等。

（四）保护传统村落

传统村落是乡土文化的缩影，是农业文化遗产和非物质文化遗产的重要载体。《乡村振兴促进法》对加强传统村落等保护做了专门规定，县级以上地方人民政府应当加强对历史文化名镇名村、传统村落和乡村风貌、少数民族特色村寨的保护，开展保护状况监测和评估，采取措施防御和减轻火灾、洪水、地震等灾害。鼓励农村住房设计体现地域、民族和乡土特色为乡村振兴中传统村落和文化的保护提供法治保障。

三、关于发展乡村产业

习近平总书记指出，产业兴旺是解决农村一切问题的前提。乡村产业根植于县域，以农业农村资源为依托，以农民为主体，以农村一二三产业融合发展为路径，地域特色鲜明、创业创新活跃、业态类型丰富、利益联结紧密，是提升农业、繁荣农村、富裕农民的产业。《乡村振兴促进法》对发展乡村产业做了较详细的规定，主要体现在以下 5 个方面。

（一）以农民为主体发展多形态特色的乡村产业

《乡村振兴促进法》对乡村产业的特点做了原则性规定，各级人民政府应当坚持以农民为主体，以乡村优势特色资源为依托，支持、促进农村一二三产业融合发展。培育新型农业经营主体，促进小农户和现代农业发展有机衔接。强调各级人民政府应当支持特色农业、休闲农业、现代农产品加工业等乡村产业的发展，支持特色农产品优势区、现代农业产业园等的建设；同时规定发展乡村产业应当符合国土空间规划和产业政策、环境保护的要求，推动乡村产业依法有序、健康可持续发展，创造更多就业增收机会。

（二）发展壮大农村集体经济

集体所有制经济是中国特有的经济形态，农村集体产权制度是具有中国特色的制度安排，是实现农民农村共同富裕的制度基础。《乡村振兴促进法》规定，国家完善农村集体产权制度，增强农村集体所有制经济发展活力，促进集体资产保值增值。强调各级人民政府应当引导和支持农村集体经济组织发挥依法管理集体资产、合理开发集体资源、服务集体成员等方面的作用，保障农村集体经济组织的独立运营，将促进集体经济组织依法做优做强，更好地服务本集体及其成员，对推动农村改革发展、完善农村治理、保障农民权益具有重要意义。

（三）促进一二三产业融合发展

这是新时代做好“三农”工作的重要任务，不仅事关农村产业发展和农民增收，而且会在更深层次上对整个国民经济发展中的要素流动、产业集聚、市场形态乃至城乡格局产生积极影响，为经济社会健康发展注入新动能。《乡村振兴促进法》对促进农村一二三产业融合发展做出规定，明确要引导新型经营主体通过特色化、专业化经营，合理配置生产要素，促进乡村产业深度融合，推动建立现代农业产业体系、生产体系和经营体系，培育新产业、新业态、新模式，实现乡村产业高质量发展壮大。

（四）加强农业技术创新和科技推广

“十三五”时期，农业科技进步贡献率超过60%，比1996年的15.5%提高了44.5个百分点，农作物良种覆盖率稳定在96%以上，耕种收综合机械化率达到71%，但面临的挑战依然严峻，不少难题还需要抓紧破解。《乡村振兴促进法》规定，支持育种基础性、前沿性和应用技术研究，实施农作物和畜禽等良种培育、育种关键技术攻关；构建以企业为主体、产学研协同的创新机制，健全产权保护制度，保障对农业科技基础性、公益性研究的投入；加强农业技术推广体系建设，促进建立有利于农业科技成果转化推广的激励机制和利益分享机制，将极大促进农业技术创新和推广。

（五）构建农民收入稳定增长机制

农业农村工作，说一千、道一万，增加农民收入是关键。《乡村振兴促进法》明确规定支持农民、返乡入乡人员在乡村创业创新，促进农民就业；建立健全有利于农民收入稳定增长的机制，鼓励支持农民拓宽增收渠道，促进农民增加收入；支持农村集体经济组织发展，保障成员从集体经营收入中获得收益分配的权利；支持以多种方式与农民建立紧密型利益联结机制，让农民共享全产业链增值收益。通过构建农民增收长效机制，增强农民风险抵御能力，夯实农民就业和持续增收的基础。

四、关于乡村人才支撑

2021 年初，中共中央办公厅、国务院办公厅印发《关于加快推进乡村人才振兴的意见》，明确了推进乡村人才振兴的目标任务。《乡村振兴促进法》设立专章规定了乡村人才振兴的法律制度，从以下 5 个方面对乡村人才振兴进行规定。

（一）健全乡村人才体制机制

解决乡村人才短缺问题，需要从两个方面着手：一方面要培养留得住、用得上的本土人才，另一方面又要采取措施引导城市人才下乡，打通城乡人才培养交流通道，吸引各类人才投身乡村建设，推动乡村人才振兴。《乡村振兴促进法》规定健全乡村人才工作体制机制，培养本土人才，引导城市人才下乡，推动专业人才服务乡村，搭建社会工作和乡村建设志愿服务平台，支持和引导各类人才通过多种方式服务乡村振兴，为促进农业农村人才队伍建设指明了方向。

（二）分类培育农村人才

乡村人才振兴需要瞄准乡村人才结构短板，全面培育农村教育、医疗、科技、文化、经营管理等方面的人才。《乡村振兴促进法》明确要加强农村教育工作统筹，持续改善农村学校办学条件，支持开展网络远程教育，保障和改善乡村教师待遇，提高乡村教师学历水平、整体素质和乡村教育现代化水平。同时，针对乡村医疗卫生人员的职业发展、待遇，以及建立医疗人才服务乡村的工作机制等方面做出了明确规定。此外，《乡村振兴促进法》还规定培育农业科技人才、经营管理人才、法律服务人才、社会工作人才，加强乡村文化人才队伍建设，培育乡村文化骨干力量，有利于提高农村人才整体素质。

（三）促进农业人才流动机制

城乡、区域、校地之间的人才流动可以为乡村发展带去资金、技术、信息等急需资源。《乡村振兴促进法》规定建立健全城乡、区域、校地之间人才培养合作与交流机制，建立鼓励各类人才参与乡村建设的激励机制，搭建社会工作和乡村建设志愿服务平台，为返乡入乡人员和各类人才提供必要的生产生活服务和相关的福利待遇，鼓励高等学校、职业学校毕业生到农村就业创业，为加强农业人才交流提供了有力保障。

（四）大力培养高素质农民

培育高素质农民是促进乡村人才振兴，破解“谁来种地”困境，是加快农业科学化和现代化转型，保障国家粮食安全的重要举措。《乡村振兴促进法》规定，加大农村专业人才培养力度，加强职业教育和继续教育，组织开展农业技能培训、返乡创业就业培训和职业技能培训，为培养有文化、懂技术、善经营、会管理的高素质农民和农村实用人才、创新创业带头人提供了法治保障。

（五）加快培育新型农业经营主体

加快培育新型农业经营主体，加快形成以农户家庭经营为基础、合作与联合为纽带、社会化服务为支撑的立体式复合型现代农业经营体系，对于推进农业供给侧结构性改革、引领农业适度规模经营发展、带动农民就业增收、增强农业农村发展新动能具有十分重要的意义。《乡村振兴促进法》规定，引导新型农业经营主体通过特色化、专业化经营，合理配置生产要素，促进乡村产业深度融合，为新型农业经营主体健康发展提供保障。

五、关于传承农村优秀传统文化

习近平总书记指出，文化自信，是更基础、更广泛、更深厚的自信。中华文明根植于农耕文化，乡村是中华文明的基本载体。《乡村振兴促进法》从以下 3 个方面进行了具体规定。

（一）加强农村社会主义精神文明建设

实施乡村振兴战略要物质文明和精神文明一起抓。乡风文明不仅是乡村振兴的重要内容，更是服务乡村全面振兴的有力保障。《乡村振兴促进法》规定开展新时代文明实践活动，加强农村精神文明建设，不断提高乡村社会文明程度，倡导科学健康的生产生活方式，普及科学知识，推进移风易俗，培育文明乡风、良好家风、淳朴民风，建设文明乡村。

（二）丰富乡村文化生活

这是满足广大农民群众多方面、多层次精神文化产品需求，加快推进城乡公共文化服务均等化，不断满足广大农民群众文化的现实要求。《乡村振兴促进法》规定丰富农民文化体育生活，倡导科学健康的生产生活方式，健全完善乡村公共文化体育设施网络和服务运行机制，鼓励开展形式多样的农民群众性文化体育、节日民俗等活动，支持农业农村农民题材文艺创作，拓展乡村文化服务渠道，为农民提供便利可及的公共文化服务。

（三）传承农耕文化

农耕文化承载着中华民族的历史记忆、生产生活智慧、文化艺术结晶和民族地域特色，维系着中华文明的根，寄托着中华各族儿女的乡愁，是极其宝贵的文化资源。《乡村振兴促进法》规定保护农业文化遗产和非物质文化遗产，挖掘优秀农业文化深厚内涵，弘扬红色文化，保护和传承好农耕文化，能让美好乡愁世世代代传承下去。

六、关于加强农村生态环境保护

农业是个生态产业，农村是生态系统的重要一环。良好生态环境是最公平的公共产品，是最普惠的民生福祉，是乡村发展的宝贵财富和最大优势。《乡村振兴促进法》从以下 3 个方面提出了具体要求。

（一）落实国家生态保护政策

党的十九大报告指出，加快生态文明体制改革，建设美丽中国。《乡村振兴促进法》规定健全重要生态系统保护制度和生态保护补偿机制，实施重要生态系统保护和修复工程，加强乡村生态保护和环境治理，绿化美化乡村环境，建设美丽乡村；实行耕地养护、修复、休耕和草原森林河流湖泊休养生息制度，将国家生态保护政策制度化、法定化，是落实国家生态文明建设部署的重要体现。

（二）治理农业面源污染

“十三五”期间，农业面源污染治理取得一定的成效，畜禽粪污综合利用率超过 75%，农作物化肥农药施用量连续 4 年负增长。目前，治理农业面源污染还处在治存量、遏增量的关口。《乡村振兴促进法》规定，推进农业投入品减量化、生产清洁化、废弃物资源化、产业模式生态化，推进农业投入品包装废弃物回收处理和农作物秸秆、畜禽粪污的资源化利用，对超剂量、超范围使用农药、肥料等做出禁止性要求，为实现农业面源污染治理主要目标，提升农业绿色发展水平提供了法律保障。

（三）改善农村人居环境

这是实施乡村振兴战略的一场硬仗，事关全面建成小康社会，事关广大农民福祉，事关农村社会文明和谐。目前城乡环境治理水平差距依然较大，垃圾围村、污水横流、粪污遍地等“脏乱差”现象在部分地区还比较突出。《乡村振兴促进法》规定实施国土综合整治和生态修复，加强森林、草原、湿地等保护修复，开展荒漠化、石漠化、水土流失综合治理，持续改善乡村生态环境，承载着亿万农民群众对美好生活向往的需求。

七、关于加强基层组织和乡村社会治理体系建设

习近平总书记强调，乡村振兴要夯实乡村治理这个根基。2019 年，中共中央办公厅、国务院办公厅印发《关于加强和改进乡村治理的指导意见》，提出到 2035 年乡村公共服务、公共管理、公共安全保障水平显著提高，党组织领导的自治、法治、德治相结合的乡村治理体系更加完善，乡村社会治理有效、充满活力、和谐有序，乡村治理体系和治理能力基本实现现代化。《乡村振兴促进法》从以下 5 个方面进行了部署。

（一）完善乡村社会治理体制和治理体系

这是乡村经济社会发展的必然要求，更是推进国家治理体系和治理能力现代化的重要方面。《乡村振兴促进法》规定，建立健全党委领导、政府负责、民主协商、社会协同、公众参与、法治保障、科技支撑的现代乡村社会治理体制和自治、法治、德治相结合的乡村社会治理体系，建设充满活力、和谐有序的善治乡村。首次以法律的形式确定建设“三治结合”的乡村治理体系，为完善乡村社会治理体制和治理体系提供了法律依据。

（二）加强基层组织建设

组织振兴是乡村振兴的根本和保障。乡村振兴各项政策，最

终还要靠农村基层组织来落实。《乡村振兴促进法》规定，中国共产党农村基层组织，按照《中国共产党章程》和有关规定发挥全面领导作用，同时强调要加强乡镇、村“两委”组织和能力建设，也包括农村社会组织、基层群团组织建设，发挥在团结群众、联系群众、服务群众等方面的作用，构建简约高效的基层管理体制，科学设置乡镇机构，健全农村基层服务体系，夯实乡村治理基础。

（三）充分发挥村民自治作用

村民自治是维系乡村秩序的稳定器，村民委员会是村民自我管理、自我教育、自我服务的基层群众性自治组织。《乡村振兴促进法》明确，村民委员会、农村集体经济组织等应当在乡镇党委和村党组织的领导下，实行村民自治，维护农民合法权益，并接受村民监督。同时，对乡镇人民政府指导支持农村基层群众性自治组织规范化、制度化建设，健全村民委员会民主决策机制和村务公开制度做出规定，完善农村基层群众自治制度，增强村民自我管理、自我教育、自我服务、自我监督能力。

（四）培养“一懂两爱”的农村干部队伍

建设一支政治过硬、本领过硬、作风过硬的乡村振兴干部队伍，既是中央部署的工作要求，也是基层实践的迫切需要。《乡村振兴促进法》规定建立健全农业农村工作干部队伍的培养、配备、使用、管理机制，选拔优秀干部充实到农业农村工作干部队伍，采取措施提高农业农村工作干部队伍的能力和水平，落实农村基层干部相关待遇保障，为建设懂农业、爱农村、爱农民的农业农村工作干部队伍做出了具体的制度安排。

（五）健全矛盾纠纷调解机制

习近平总书记对坚持发展“枫桥经验”做出重要指示，要求把“枫桥经验”坚持好、发展好，把党的群众路线坚持好、贯彻好。重视化解农村社会矛盾，确保农村社会稳定有序。《乡村振兴促进法》对地方各级政府加强基层执法队伍建设，开展法治宣传教育和人民调解工作、健全乡村矛盾纠纷调处化解机制、推进法治乡村建设做出规定，为坚持和发展新时代“枫桥经验”，健全乡村矛盾纠纷化解和平安建设机制，将矛盾化解在基层，实现“小事不出村、大事不出乡”提供了重要机制保障。

八、关于城乡融合发展

乡村振兴要跳出乡村看乡村，必须走城乡融合发展道路。实现城乡融合发展是建设社会主义现代化国家的重要内容，也是实施乡村振兴战略的一项重大任务。党的十九大对建立健全城乡融合发展体制机制和政策体系做出重大决策部署。《乡村振兴促进法》设立专章，从以下 5 个方面规定了城乡融合发展的重点任务。

（一）以县域为着力点

城乡融合发展，县域是重要切入点和主要载体，也最有条件推进城乡基础设施和公共服务一体化建设发展。《乡村振兴促进法》围绕破除城乡融合发展的体制机制障碍，推动公共资源在县域内实现优化配置，赋予县级更多资源整合使用的自主权，强化县城综合服务能力，对加快县域城乡融合发展做出规定，为各级政府整体筹划、一体设计、一并推进城镇和乡村发展，优化城乡产业发展、基础设施、公共服务设施等布局划出了重点。

（二）科学有序统筹发展空间

《乡村振兴促进法》规定要协同推进乡村振兴战略和新型城镇化战略的实施，整体筹划城镇和乡村发展，强调要科学有序统筹安排生态、农业、城镇等功能空间，按照中共中央办公厅关于在国土空间规划中统筹划定落实三条控制线的指导意见，严格生态保护红线、永久基本农田和城镇开发边界划定，推动城乡平等交换、双向流动，增强农业农村发展活力，促进农业高质高效、乡村宜居宜业、农民富裕富足。

（三）鼓励社会资本下乡与农民利益联结

乡村振兴离不开社会资本的投入。《乡村振兴促进法》明确国家鼓励社会资本到乡村发展与农民利益联结型项目，鼓励城市居民到乡村旅游、休闲度假、养生养老等，同时对社会资本的投资和经营行为也做出了限制，规定不得破坏乡村生态环境，不得损害农村集体经济组织及其成员的合法权益，在明确鼓励方向、更好满足乡村振兴多样化投融资需求的同时，划出了社会资本投资的制度红线。农业农村部、国家乡村振兴局及时修订发布了《社会资本投资农业农村指引（2022 年）》，明确了现代种养业、乡村富民产业等 13 个鼓励投资的重点领域，引导社会资本投入乡村产业。

（四）促进乡村经济多元化和农业全产业链发展

农村产业融合发展是基于技术创新或制度创新形成的产业边界模糊化和产业发展一体化现象，通过形成新技术、新业态、新商业模式，带动资源、要素、技术、市场需求在农村的整合集成和优化重组。《乡村振兴促进法》规定，应当采取措施促进城乡产业协同发展，在保障农民主体地位的基础上健全联农带农激励机制，加快形成乡村振兴多元参与格局，实现乡村经济多元化和农业全产业链发展。

（五）农民工就业与权益保障

农民工就业创业事关就业大局稳定、农民增收和脱贫攻坚成果巩固拓展。《乡村振兴促进法》对农民工就业和权益保障做出了全方位制度安排，明确国家推动形成平等竞争、规范有序、城乡统一的人力资源市场，健全城乡均等的公共就业创业服务制度，强调各级人民政府及其有关部门应当全面落实城乡劳动者平等就业、同工同酬，依法保障农民工工资支付和社会保障权益。同时，规定县级以上地方人民政府应当采取措施促进在城镇稳定就业和生活的农民自愿有序进城落户，推进城镇基本公共服务全覆盖。通过与《保障农民工工资支付条例》等相衔接，顺应农民进城务工的大趋势，加强权益维护和服务保障，解除农民工进城就业“后顾之忧”，用法治提升农民工群体获得感、幸福感、安全感。

九、关于扶持政策措施

加强对农业农村的支持保护，既是现代农业发展的必然要求，也是世界各国的通行做法和基本经验。《乡村振兴促进法》从以下 5 个方面明确了关于扶持政策措施的主要内容。

（一）健全农业支持保护制度

实施乡村振兴战略，必须解决钱从哪里来的问题，加强资金投入特别是财政支持保障。《乡村振兴促进法》规定国家建立健全农业支持保护体系和实施乡村振兴战略财政投入保障制度，按照增加总量、优化存量、提高效能的原则，构建以高质量绿色发展为导向的新型农业补贴政策体系；强调县级以上人民政府应当优先保障用于乡村振兴的财政投入，确保投入力度不断增强、总量持续增加。尽管没有对投入总量进行具体量化，但在定性上强调了财政投入要与乡村振兴目标任务相适应，提出了乡村振兴财政支撑保障的基本要求，有利于在法律框架下构建体现农业农村优先发展，覆盖全面、指向明确、重点突出、措施配套的农业支持保护制度。

（二）强化金融资本支持

2019 年，中国人民银行等 5 部门联合印发《关于金融服务乡村振兴的指导意见》，强调要聚焦重点领域，建立完善金融服务乡村振兴的市场体系、组织体系、产品体系，促进农村金融资源回流。《乡村振兴促进法》就改进、加强乡村振兴的金融支持和服务做出规定，明确国家建立健全多层次、广覆盖、可持续的农村金融服务体系，健全多层次资本市场，发展并规范债券市场，完善政策性农业保险制度和金融支持乡村振兴考核评估机制，进一步强化财政出资设立的农业信贷担保机构、政策性金融机构、商业银行、农村中小金融机构、保险机构等各类主体服务乡村振兴责任，将依法推动金融保险机构将更多资源配置到乡村发展的重点领域和薄弱环节。

（三）调整完善土地出让收入使用范围

针对土地出让收入用于农业农村的比例偏低问题，近几年的中央一号文件都对调整完善土地出让收入使用范围，提高用于农业农村的比例提出要求，2020 年中共中央办公厅、国务院办公厅印发《关于调整完善土地出让收入使用范围优先支持乡村振兴的意见》进一步明确“十四五”期末各省（区、市）土地出让收益用于农业农村的比例要达到 50% 以上。《乡村振兴促进法》将“按照国家有关规定调整完善土地使用权出让收入使用范围，提高农业农村投入比例”等固定下来，对高标准农田建设、现代种业提升、农村人居环境整治等土地出让收入重点使用领域做出详细规定，为确保土地出让收入取之于农、主要用之于农，为支持乡村振兴提供了长效制度保障。

（四）保障乡村振兴用地合理需求

农村土地问题既关系到乡村的产业发展，也关系到构建城乡一体的土地制度，关系到农村公共事业的发展。《乡村振兴促进法》对盘活农村存量建设用地、激活农村土地资源做出安排，明确要完善农村新增建设用地保障机制，满足乡村产业、公共服务设施和农民住宅用地合理需求；规定建设用地指标应当向乡村发展倾斜，县域内新增耕地指标应当优先用于折抵乡村产业发展所需建设用地指标，并可以探索灵活多样的供地新方式。同时，与《中华人民共和国土地管理法》等进行衔接，在明确土地所有权人可以依法通过出让、出租等方式将集体经营性建设用地交由单位或者个人使用的基础上，增加了优先用于发展集体所有制经济和乡村产业的规定，对优化配置土地资源要素、保障乡村振兴用地合理需求提供了法律依据。

（五）巩固拓展脱贫攻坚成果与乡村振兴有效衔接

脱贫摘帽是新生活、新奋斗的起点，毫不松懈抓好巩固拓展脱贫攻坚成果这个首要任务，关系到构建以国内大循环为主体、国内国际双循环相互促进的新发展格局，关系到全面建设社会主义现代化国家全局和实现第二个百年奋斗目标。《乡村振兴促进法》规定要做好巩固拓展脱贫攻坚成果同乡村振兴有效衔接，同时强调各级人民政府应当采取措施增强脱贫地区内生发展能力，建立农村低收入人口、欠发达地区帮扶长效机制，建立健全易返贫致贫人口动态监测预警和帮扶机制，为实现由集中资源支持脱贫攻坚向全面推进乡村振兴平稳过渡提供了制度保障。

十、关于监督检查

乡村振兴是一项复杂的系统工程，在发挥农民主体作用，鼓励社会各方力量积极参与的同时，要充分发挥政府的主导作用。在促进法中设立监督检查专章，有利于为全面实施乡村振兴战略提供有力的法治保障。

（一）建立健全目标责任制和考核评价机制

《乡村振兴促进法》规定国家实行乡村振兴战略实施目标责任制和考核评价制度，上级人民政府应当对下级人民政府实施乡村振兴战略的目标完成情况等进行考核，考核结果作为地方人民政府及其负责人综合考核评价的重要内容。实践中，地方党委和人民政府承担促进乡村振兴的主体责任，县级以上地方人民政府应当以适当方式考核下级人民政府及其负责人完成乡村振兴目标的情况，将考核的结果作为综合考核的一项内容，纳入日常的政府工作中，并且在推进乡村振兴过程中建立科学的目标责任制和考核评价体系，通过任务层层分解和考核督查问责，提高各级党委和政府的重视程度，减少不作为和慢作为，同时防止个别地区在推进过程中出现一刀切、乱作为等情况。

（二）完善进展情况评估制度

《乡村振兴促进法》要求国务院和省、自治区、直辖市人民政府有关部门建立客观反映乡村振兴进展的指标和统计体系，县级以上地方人民政府应当对本行政区域内乡村振兴战略实施情况进行评估，可以有效贯彻落实法律规定的各项具体工作，通过指数这一科学手段绘制乡村振兴蓝图，用以测度乡村振兴工作的进展程度以及发展水平，以发挥其“指挥棒”的作用。

（三）实施报告制度和监督检查制度

请示报告制度是加强党和政府政治建设的重要制度措施，既是重要的政治纪律、组织纪律、工作纪律，也是重要的政治制度、组织制度、工作制度。《中华人民共和国地方各级人民代表大会和地方各级人民政府组织法》规定，县级以上的地方各级人民政府领导所属各工作部门和下级人民政府的工作，地方各级人民政府对本级人民代表大会和上一级国家行政机关负责并报告工作。《乡村振兴促进法》规定县级以上人民政府发展改革、财政、农业农村、审计等部门按照各自职责对农业农村投入优先保障机制落实情况、乡村振兴资金使用情况和绩效等实施监督，各级人民政府统筹各部门乡村振兴工作，向人大和上级政府报告乡村振兴促进工作的具体情况，对下级政府工作开展情况进行考核并开展监督检查，对不履职和不能正确履职的政府及有关部门的工作人员依法追究责任。这既是贯彻落实《中华人民共和国宪法》（以下简称《宪法》）和相关法律的重要内容，也是乡村振兴工作顺利开展、严格责任落实、强化责任担当的重要组织保障。

第三节 《中华人民共和国乡村振兴促进法》的落实举措

一、加强学习宣传，强化法治思维

各级农业农村部门要把学习宣传贯彻《乡村振兴促进法》作为当前最重要的普法任务抓紧抓好，纳入部门“八五”普法规划，明确目标原则，突出重点任务，抓好组织实施，确保取得实效。认真贯彻落实“谁执法谁普法”的普法责任制，将《乡村振兴促进法》列入普法责任清单，广泛开展法治宣传，强化以案释法，用生动直观的形式推动农民群众自觉尊法学法守法用法。注重加强对党员干部的法治宣传教育，将《乡村振兴促进法》列入党委（党组）理论中心组学习重点内容，作为干部职工学法用法的重要内容和必修课程，增强运用法治思维和法治方式全面推进乡村振兴的能力。丰富《乡村振兴促进法》学习宣传方式，通过召开贯彻实施座谈会、编制辅导读本、组织专家解读、举办专题培训、制作宣传短视频、创作文艺作品等形式，推动干部群众深入理解《乡村振兴促进法》的核心要义和精神实质，准确把握《乡村振兴促进法》的规定要求和各项措施。加强传统媒体和新媒体的深度融合，利用报刊、电视、广播和网站等渠道，对《乡村振兴促进法》进行全方位、多层次、立体式宣传，为全面推进乡村振兴、加快农业农村现代化营造良好的法治氛围。

二、强化配套制度，落细落实任务

“十四五”农业农村有关规划、政策和改革方案要贯彻《乡村振兴促进法》的规定和要求，要建立健全配套制度，加强粮食安全、种业和耕地、农业产业发展、农村基本经营制度、农业资源环境保护、农产品质量安全等重点领域立法，不断完善以《乡村振兴促进法》为统领，相关法律、法规、规划和政策文件为支撑的乡村振兴法律制度体系。要结合乡村振兴战略实施，因地制宜加快有关农业农村方面的特色立法，发挥实施性、补充性、探索性作用，配套制定乡村振兴方面的地方性法规、规章，将法律确定的重要原则和要求等转化为可操作、能考核、能落地的具体制度措施。要贯彻新发展理念，坚持科学立法、民主立法、依法立法，增强针对性、有效性、系统性，确保法律制度实用、管用、好用。

三、统筹协调，形成促进合力

《乡村振兴促进法》明确国家建立健全乡村振兴工作机制。要建立乡村振兴考核评价制度、工作年度报告制度和监督检查制度，推动建立客观反映乡村振兴进展的指标和统计体系。同时相关部门要加强协作配合，依法全面认真履行法定职责，树牢法治思维，围绕《乡村振兴促进法》确定的重要原则、重大战略、重要制度，建立健全配套的政策体系、工作体系、责任体系，严格按照《乡村振兴促进法》中产业发展、人才支撑、文化传承、生态保护、组织建设、城乡融合、扶持措施等要求，抓好规划统筹、实施指导、协调督促、考核评价等重点任务落实，形成推动乡村振兴的强大合力。

第二章 优化城乡空间布局

第一节 统筹城乡发展空间

按照主体功能定位，对国土空间的开发、保护和整治进行全面安排和总体布局，推进“多规合一”，加快形成城乡融合发展的空间格局。

一、强化空间用途管制

强化国土空间规划对各专项规划的指导约束作用，统筹自然资源开发利用、保护和修复，按照不同主体功能定位和陆海统筹原则，开展资源环境承载能力和国土空间开发适宜性评价，科学划定生态、农业、城镇等空间和生态保护红线、永久基本农田、城镇开发边界及海洋生物资源保护线、围填海控制线等主要控制线，推动主体功能区战略格局在市县层面精准落地，健全不同主体功能区差异化协同发展长效机制，实现山水林田湖草整体保护、系统修复、综合治理。

二、完善城乡布局结构

以城市群为主体构建大中小城市和小城镇协调发展的城镇格局，增强城镇地区对乡村的带动能力。加快发展中小城市，完善县城综合服务功能，推动农业转移人口就地就近城镇化。因地制宜发展特色鲜明、产城融合、充满魅力的特色小镇和小城镇，加强以乡镇政府驻地为中心的农民生活圈建设，以镇带村、以村促镇，推动镇村联动发展。建设生态宜居的美丽乡村，发挥多重功能，提供优质产品，传承乡村文化，留住乡愁记忆，满足人民日益增长的美好生活需要。

三、推进城乡统一规划

通盘考虑城镇和乡村发展，统筹谋划产业发展、基础设施、公共服务、资源能源、生态环境保护等主要布局，形成田园乡村与现代城镇各具特色、交相辉映的城乡发展形态。强化县域空间规划和各类专项规划引导约束作用，科学安排县域乡村布局、资源利用、设施配置和村庄整治，推动村庄规划管理全覆盖。综合考虑村庄演变规律、集聚特点和现状分布，结合农民生产生活半径，合理确定县域村庄布局和规模，避免随意撤并村庄搞大社区、违背农民意愿大拆大建。加强乡村风貌整体管控，注重农房单体个性设计，建设立足乡土社会、富有地域特色、承载田园乡愁、体现现代文明的升级版乡村，避免千村一面，防止乡村景观城市化。

第二节　优化乡村发展布局

坚持人口资源环境相均衡、经济社会生态效益相统一，打造集约高效生产空间，营造宜居适度生活空间，保护山清水秀生态空间，延续人和自然有机融合的乡村空间关系。

一、统筹利用生产空间

乡村生产空间是以提供农产品为主体功能的国土空间，兼具生态功能。围绕保障国家粮食安全和重要农产品供给，充分发挥各地比较优势，重点建设以“七区二十三带”为主体的农产品主产区。落实农业功能区制度，科学合理划定粮食生产功能区、重要农产品生产保护区和特色农产品优势区，合理划定养殖业适养、限养、禁养区域，严格保护农业生产空间。适应农村现代产业发展需要，科学划分乡村经济发展片区，统筹推进农业产业园、科技园、创业园等各类园区建设。

二、合理布局生活空间

乡村生活空间是以农村居民点为主体、为农民提供生产生活服务的国土空间。坚持节约集约用地，遵循乡村传统肌理和格局，划定空间管控边界，明确用地规模和管控要求，确定基础设施用地位置、规模和建设标准，合理配置公共服务设施，引导生活空间尺度适宜、布局协调、功能齐全。充分维护原生态村居风貌，保留乡村景观特色，保护自然和人文环境，注重融入时代感、现代性，强化空间利用的人性化、多样化，着力构建便捷的生活圈、完善的服务圈、繁荣的商业圈，让乡村居民过上更舒适的生活。

三、严格保护生态空间

乡村生态空间是具有自然属性、以提供生态产品或生态服务为主体功能的国土空间。加快构建以“两屏三带”为骨架的国家生态安全屏障，全面加强国家重点生态功能区保护，建立以国家公园为主体的自然保护地体系。树立山水林田湖草是一个生命共同体的理念，加强对自然生态空间的整体保护，修复和改善乡村生态环境，提升生态功能和服务价值。全面实施产业准入负面清单制度，推动各地因地制宜制定禁止和限制发展产业目录，明确产业发展方向和开发强度，强化准入管理和底线约束。

第三节　分类推进村庄发展

我国村庄数量众多，特征各异，在乡村振兴的过程中不可能采用相同的模式同步推进，而要根据不同村庄的特征进行分类，因地制宜推进乡村振兴。根据国家出台的《乡村振兴战略规划（2018—2022年）》，总体上按照集聚提升、城郊融合、特色保护、搬迁撤并四大类具体分类推进。

一、集聚提升类村庄

（一）实施对象及特征

集聚提升类村庄是指现有规模较大的中心村和其他仍将存续的一般村庄，具有较大的发展提升空间。目前我国大多数乡村都属于集聚提升类村庄，是乡村振兴的重点。根据历史沿革、地理区位、经济基础、产业发展情况，又可将该类村庄分为两个小类：一是通过撤乡并村等，由原来的两个及以上村庄合并形成的新村庄，并已发展成为经济强村，具有较好的经济基础，交通区位条件较好，且二三产业已发展形成一定的规模。如江苏、浙江等经济发达地区的村庄多属于此种类型。二是产业发展以农业为主，二三产业相对较弱的村庄。

（二）发展思路与举措

坚持因地制宜，科学确定村庄发展方向，在原有规模基础上有序推进改造提升，激活产业、优化环境、提振人气、增添活力，保护保留乡村风貌，建设宜居宜业的美丽村庄。鼓励发挥自身比较优势，依托田园风光、乡土文化、民俗技艺等独特资源，坚持“一村一品”，强化主导产业支撑，支持农业、工贸、休闲服务等专业化村庄发展，以产业发展促进集聚提升类村庄经济繁荣，实现一二三产业融合发展。

1. 在原有规模基础上有序推进改造提升

依托村庄本土资源优势，继续推进现有产业发展，突破现有发展瓶颈，形成产业联动，促进村庄产业功能拓展与业态延伸。

一是针对农业基础条件较好的村庄，重点依托农业资源优势，加快改善农业基础设施条件，发展现代农业。同时，拓展农业功能，发展农产品加工业，延长农业产业链，提升农业附加值，促进村庄产业经济提升，带动村庄功能转型和产业、人口、用地与文化的复兴。

二是针对二三产业发展相对较好的村庄，重点以特殊工艺和手工制造为核心资源，利用加工业的基础优势，带动原材料种植行业发展。同时，配套发展相关生产性服务业，形成完整的产业链条，带动村庄产业转型与升级。

2. 同步推进专业化村庄发展

结合村庄发展实际及发展规划，按照“区域调特、规模调大、品种调优、效益调高”的思路，坚持遵循国际国内市场需求导向，科学选择适合自身发展、符合市场需求的特色优势主导产业。充分发挥村庄的资源优势、传统优势和区位优势，通过专业化、标准化、规模化、市场化和品牌化建设，强化主导产业支持，发展农业、工贸、休闲服务等专业化村庄。

一是针对农业基础条件较好的村庄，继续培育壮大现有产业，推进“一村一品”，选择 1～2 个特色支柱产业，突出培育“独一份”“特别好”“好中优”农产品，形成一批以蔬菜、水果、畜禽及乡村旅游等为主导的花果飘香、畜禽成群、环境优美、农民富裕的专业村。同时，加强品牌建设、认证、保护和宣传，借鉴“烟台苹果”“和田大枣”“永川秀芽”等知名品牌，打造具有地域特色的农产品公共品牌，提升农产品知名度和市场竞争力。拓展融资渠道，推行“公司+基地+农户”“合作组织+基地+农户”等发展模式。探索连锁经营、产销直挂、产品配达等新业态，培育农村经纪人和农民专业合作社，实现农产品快速、有序流通。

二是针对第二、第三产业发展相对较好的村庄，鼓励发展农产品加工、储藏、包装、运输、商品化处理等产业；拓展生态保护、文化传承、休闲观光等农业功能，发展乡村旅游和休闲农业；支持发展电子商务营销，保障特色产品优质优价，实现产业链相加、价值链相乘、供应链相通的“三链重构”，推动主导产业提档升级，实现产业融合发展。

二、城郊融合类村庄

（一）实施对象及特征

城郊融合类村庄是指县城城关镇所在地及城市近郊区的村庄，具备成为城市后花园的优势，也具有向城市转型的条件。实际上，这类村庄已经成为城市的一部分，城市的公共服务和基础设施等也在向这类村庄延伸，具有经济条件较好、基础设施和公共服务设施较为完善、交通便捷、农业集约化规模化经营水平高、土地产出效率高、农民收入水平相对较高等特点。目前农村户口比城市户口更值钱的现象，也主要是出现在这类村庄。

（二）发展思路与举措

结合工业化、新型城镇化发展，并考虑村庄发展实际，坚持共建共享、融合发展理念，促进城市要素加快向村庄流动、农产品及生态旅游资源加快向城市流动，形成城乡公共服务共建共享、基础设施互联互通、产业融合发展的新局面。同时，注重保留乡村原有的风貌形态，构建现代乡村治理新体系，提升村庄承接城市功能外溢、服务城市发展、满足城市消费需求的能力。

1. 促进城乡产业融合发展

立足城乡融合类村庄的资源禀赋，科学选择具有一定发展基础和发展空间的主导产业，发展特色经济，加强三次产业联动发展，加快村庄产业向城镇产业融合的步伐。

一是合理布局城郊融合类村庄的农业发展空间，着力发展特色优势农业，依托龙头企业、家庭农场、大户等新型农业经营主体，适度发展规模农业，推进农业园区（基地）建设，提升农产品供给质量。

二是鼓励城镇工业生产要素向城郊融合类村庄流动。城郊融合类村庄应以新型城镇化为契机，充分利用连接城乡的区位优势，积极承接城市加工、制造业转移，大力发展以特色优势产业为依托的农产品加工业，延伸农业产业链条，提升农产品附加值。

三是发展农村现代服务业，优化城郊融合类村庄的人口和产业布局，改善农村现代服务产业环境，促进农村服务业标准化、规范化发展，创新“旅游+”“+旅游”模式，推动农旅文商体等产业深度融合，促进乡村旅游产业提档升级，更好地满足城市消费需求。

2. 促进城乡基础设施互联互通

立足城郊融合类村庄的区位优势，大力推进面向“三农”需求的网状基础设施建设，构建城乡互联互通、安全高效的基础设施网络体系，进一步提升该类型村庄承接城市功能外溢的能力。

一是继续实施“四好”农村路建设工程。重点建设一批旅游路、产业路、便民路，加快形成从城市到乡村、从市场到田头畅通便捷的交通网络体系。同时，探索拓展扩宽乡村路，如配套规划和修建停车场、水电气设施、服务区、加工区、生活区等，解决乡村基础设施建设和公共服务难题，推进创新发展。

二是优化水资源配置。推进重点水源工程建设，着力解决工程性缺水问题。以新建集中式供水工程、管网延伸工程、水质净化与消毒设备配套工程及信息化工程建设为重点，加强农村饮用水网络建设，保障农村生活用水。扎实推进农业节水行动，大力实施高效节水灌溉工程，构建农业灌溉供水网络体系。

三是加强信息网络建设。深入实施数字乡村战略，推进光纤、4G等高速宽带网络延伸覆盖，大力发展农村电子商务，深入推进“移动互联网村”和电子商务进农村示范建设。

四是健全新型农村综合信息服务体系。集聚各类信息服务资源，全面推进信息产品和服务进村入户，弥合城乡数字鸿沟。

五是立足城郊融合类村庄实际，实施农村电网改造升级行动，改造提升现有燃气管网，主动融入城镇管网体系，提高城乡电力、燃气保障均等化水平。

3. 促进城乡公共服务共建共享

加快城郊融合类村庄公共服务发展，有利于推进该类村庄经济发展方式转变，提高产品供给的质量，提升服务城市发展的能力。打造城市优质公共服务资源的分散承接区，通过优质公共服务向城郊分散布局，有效治愈当前较为突出的“城市病”。

一是打造城市优质教育资源的分散承接区。推动城市优质学校与村镇中小学校结对帮扶、联建共建，改善原有的义务教育薄弱学校、乡村小规模学校、寄宿制学校基本办学条件，提升其办学水平。同时，积极对接上级部门，争取成为城市优质基础教育资源合理分散布局的承接区域，并以优质中小学师资为支撑，在承接区域建立分校，以有效缓解城市优质教育资源过于集中而带来的交通等压力。

二是推进城郊公共卫生资源合作共享。在围绕建设“健康乡村”改善本地医疗卫生软件硬件的同时，抓住国家大力推进医疗联合体建设的契机，加强与城市大医院等的合作，争取纳入各种形式的医联体，实现农村医疗与城市医院的双向转诊，以更好地优化医疗资源配置，解决百姓看病难、看病贵的问题。

三是打造城郊康养基地。围绕城市后花园的定位，积极提升村庄养老服务能力，探索“公建民营”“民办公助”养老服务发展模式，打造专业化、个性化、便利化的城郊康养基地，既能为农村留守老人提供高质量养老服务，又能满足城市老人的就近养老需求。

三、特色保护类村庄

（一）实施对象及特征

特色保护类村庄是指历史文化名村、传统村落、少数民族特色村寨、特色景观旅游名村等自然历史文化特色资源丰富的村庄，是彰显和传承中华优秀传统文化的重要载体。一般来说，该类型村庄有明显的地理优势，交通出行便捷，有山有水，适宜居住；有相对集中的传统院落，古建筑风格特色突出；还有深厚的人文资源优势，以及重要历史事件和历史名人、非物质文化遗产的传承、民间传说、地方小吃等。同时，该类村庄也面临产业类型较单一，农民生活水平不高，“空心化”现象突出，以及保护重要性认识不够、资金投入不足、规划实施不力等问题。

（二）发展思路与举措

由于各个村庄的经济、地理情况及村庄特色的表现形式不同，其发展重点和方向也各不相同。因此，该类型村庄要体现差异性，根据不同地区的自然历史文化禀赋，将保护、利用与发展相结合，保护村庄的传统地址、格局、风貌、自然和田园景观等整体空间形态，以及文物古迹、历史建筑、传统民居等传统建筑基础，尊重原住居民生活形态和传统习惯，改善村庄基础设施和公共环境，合理利用村庄特色资源，发展乡村旅游和特色产业，实现村庄特色保护与村庄发展良性互促，打造有地域风貌、文化脉络、历史记忆、民族特点的特色村庄。

1. 坚持保护、利用与发展并重

随着乡村振兴战略的加快实施，农民生活水平不断提高，对物质和精神文化的需求也会随之发生变化，从而对村庄的发展和特色保护提出了新的要求。村庄的保护应集中体现在确保村庄的完整性、真实性和延续性，而村庄特色的延续和保护又是村庄发展的基础。同时，村庄发展也能赋予村庄更丰富的内涵，使村庄的特色更加富有生命力。因此，应积极探索该类村庄保护、利用与发展管理机制创新。

一是强化村庄规划设计引导，保护和塑造特色风貌。根据村庄自身条件和发展需要，在原有村庄格局、形态肌理的基础上，注重村庄详细规划，遵循村庄自然演变规律，尊重农民生产生活习惯和乡风民俗；积极构建村庄点上出色、线上出彩、面上出新的绿色发展新格局，培育一批自然环境优美、人文特色鲜明、建筑风貌协调、适宜产业壮大的特色美丽村庄，促进整体风貌改善。

二是挖掘利用文化旅游资源，传承展示村庄特色。大力发展文化旅游产业，积极发展运动、养老、民宿、文创等经济业态，提高农民收入水平。深度挖掘历史文化内涵，积极开展村庄物质和非物质文化遗产普查登记。积极举办各类文化节庆活动，加强文化传承，开展文化展示活动，让游客在休闲观光中体会到特色文化、生活习俗等的乐趣。

2. 改善村庄基础设施和公共环境

特色保护类村庄的发展离不开良好的基础配套设施和环境。

一是积极提升农村基础设施建设水平。推进镇村道路提档升级，改善村庄内部交通条件，提升道路通达水平；完善农村交通配套设施，在主要村口、路口增设村标、路标，结合村庄总体布局、绿化建设，增加停车场地，满足村民和游客日益增长的停车需求。

二是加快优化农村生态环境。按照城区环境卫生管理的模式进行村庄环境卫生建设，加大村庄垃圾收运处理设施和污水处理投入，探索城乡环卫设施资源共享；以治脏、治乱、治污为重点，加强农民房前屋后环境整治，引导鼓励村民共同维护村庄环境；推动农村生活垃圾分类处置，提升垃圾减量化、无害化、资源化处理水平；围绕垃圾收运、道路修护、绿化养护、河道管护、公共设施维护等建设，建立健全长效机制，实现由“以建为主”向“建管结合”的转变，同时探索引入市场机制，培育市场化的专业管护队伍。

四、搬迁撤并类村庄

（一）实施对象及特征

搬迁撤并类村庄主要包括三大类，即位于生存条件恶劣、生态环境脆弱、自然灾害频发等地区的村庄，因重大项目建设需要搬迁的村庄，人口流失特别严重的村庄。第一类基本上属于不适宜居住和进行农业生产的地区，这些地区居住条件差、基础设施落后、发展潜力有限，主要分布在山区。至于人口大量流失导致出现空心化的村庄，虽然土地条件相对来说不算特别好，但土地、耕地还可以用，这类村庄的生产功能可以保留，土地可以进一步集中以发展现代农业，人口可以往集聚提升类村庄集中。

（二）发展思路与举措

按照“搬得下、稳得住、富得起”的总体要求，坚持“政府引导、农民主体、市场运作”的原则，立足集镇与中心村建设，按照“内聚外迁、梯度转移”方式，采取整体搬迁与零星搬迁相结合、集中安置与分散安置相结合、保留原有生产资料与推进土地山林规模流转相结合的办法组织实施，力争对符合搬迁条件的农户基本实现愿搬尽搬。同时，着力加快安置区产业发展，拓宽群众增收渠道，推进迁出区土地整治和生态修复，保护生态环境，促进乡村振兴。

1. 坚持集中安置和分散安置相结合

统筹考虑水土资源条件、贫困人口分布及搬迁对象意愿，结合新型城镇化、工业园区建设、城镇保障性安居工程和美丽乡村建设，重点向靠近交通要道的中心村、移民新村、小城镇、工业园区及乡村旅游区等适度集中安置，引导搬迁群众通过进城务工、投靠亲友等方式分散安置。

2. 加快推进安置区产业发展

根据安置区资源禀赋、环境承载情况，紧密结合新型城镇化和美丽乡村建设，培育发展特色优势产业，鼓励搬迁户流转承包地、林地经营权，促进乡村发展规模经营。坚持区域特色主导产业发展与就业增收相结合，坚持产业发展长短结合、种养结合，不断增强脱贫的稳定性和可持续性。优先安排搬迁贫困户开展适应性技能培训，提高就业能力，拓宽搬迁对象增收渠道。支持搬迁安置区发展物业经济、社区经济等业态，增加搬迁户收入。

3. 推进迁出区土地整治和生态修复

通过平整土地、改良土壤等方式，实施迁出区基本农田改造。深入开展迁出区宅基地复垦工作，增加有效耕地面积。加强迁出区生态修复，与退耕还林还湿、天然林保护、地质灾害防治、生态环境综合治理等工程相结合，确保迁出区水土流失得到有效治理，林草植被覆盖率显著提高，生态环境明显改善。

第三章 发展壮大乡村产业

第一节 稳定乡村三大产业

一、稳定发展乡村农业

农业是乡村的主体产业，是乡村基础价值的体现。按照农业供给侧结构性改革要求，在确保国家粮食安全的基础上，紧紧围绕市场需求变化，以提高农产品供给质量为主攻方向，优化产业产品结构，统筹调整粮经饲种植结构，发展规模高效种养业，做大做强特色优势产业，优化区域布局，全面提升质量安全水平。

（一）粮食业

粮食产业是稳民心安天下的基础性战略性产业。稳定粮食生产、发展粮食产业，提高粮食供给质量、确保粮食安全，是构建乡村产业体系的基础和基本任务。

稳定提高生产能力。深入实施藏粮于地、藏粮于技战略，落实最严格的耕地保护制度。划定粮食生产功能区，做好所有地块建档立册、上图入库，实行信息化精准管理，推行功能区内经营用地承诺制。实施好标准农田质量提升和粮食生产功能区提标改造，努力改善农田质量条件，提升地力。

优化生产结构。稳定水稻、小麦生产，确保口粮绝对安全，重点发展优质稻米、强筋弱筋小麦，调减非优势区籽粒玉米，增加优质食用大豆、薯类、杂粮杂豆等。大力推进良种制（繁）种及基地建设，充分调动农民生产水稻、小麦良种的积极性，稳定水稻、小麦生产种源，扩大良种覆盖面。

扩大先进科技应用。推进统一育插秧、病虫害专业化统防统治、测土配方施肥等适用技术推广，推广应用粮经结合、水旱轮作、农牧结合等高效农作制度和生态种养模式。推进粮食生产领域全程机械化，深化农艺农机融合。组织粮食作物高产创建、示范创建，发挥好示范创建引领作用。

创新规模经营机制。推进粮食生产功能区内连片集中流转土地，培育种粮大户、家庭农场、农民专业合作社（联合社）和社会化服务组织等新型主体，发展多种形式的粮食适度规模经营、全程机械化作业和社会化服务。实行储备粮生产订单计划，开展省际、产销区间、产粮用粮主体间合作，构建粮食全产业链，形成粮食开放合作新格局。

（二）畜牧业

畜牧业发展事关食品有效供给、农业生态循环、农民持续增收。要按照生态优先、供给安全、结构优化、强牧富民的思路，稳定生猪生产，优化南方水网地区生猪养殖布局，引导产能向环境容量大的地方和玉米主产区转移，大力发展牛、羊等草食畜牧业。全面振兴奶业，引导扩大生鲜乳消费。大力推进畜牧业规模化、生态化、标准化、特色化和产业化发展，走出一条产出高效、产品安全、资源节约、环境友好的现代畜牧业发展之路。

用生态循环改造。依据资源禀赋和发展基础，完善产业布局和特色精品发展规划，加快推进农牧结合生态循环养殖。改造提升现有畜禽规模养殖场，提高畜禽排泄物资源化利用水平。对区域内畜产品产量、有机肥需求量、农村环境质量进行综合平衡，实现畜牧业与农业农村协调发展。

用规模经营提升。深入推进畜牧业标准化建设，提升规模化和特色化发展水平。通过机制创新和产业融合，建设一批区域优势突出、地方特色鲜明、集聚规模显著、标准化生产程度高、品牌经营强的特色精品产业。培育带动力、竞争力强的龙头主体和产销联合、利益共享的合作组织。

用科技创新支撑。引导研发畜牧业清洁化生产、排泄物资源化综合利用和重大动物疫病综合防控等新技术、新装备，培育畜禽新品种，研发新兽药、新饲料和饲料添加剂，加大先进适用技术示范推广力度。建成畜牧兽医主体地理信息系统，健全动物标识及动物产品追溯系统，提升畜牧兽医系统行业管理、监督执法和服务主体信息化水平。

用监管服务保障。完善动物防疫基础设施，充实基层监管力量，加强关键环节监管。探索建立政府补助、企业运行、保险联动的病死畜禽无害化处理新机制，探索其他畜禽的保险联动机制，确保不发生区域性重大动物疫病、重大畜产品安全事故和流域性漂浮死猪事件。

（三）渔业

渔业是水网地带乡村产业的重要组成部分。按照养殖业提质增效、捕捞业（国内）压减产能、远洋渔业拓展及一二三产业融合发展的方针，引领渔业转型升级。内陆地区大力推广循环水养殖（“跑道养鱼”）等节能减排、节地节水、环境友好型养殖模式；沿海地区发展浅海贝藻、鱼贝藻间养和全浮流紫菜养殖等碳汇渔业和深海网箱（围网）建设。实施鱼塘生态化改造、大水面增殖放流、稻鱼共生轮作减排等措施，划定水产养殖禁限养区，严厉整治乱用药、施肥养鱼、尾水直排等行为，降低养殖生产对水环境的负面影响。以渔业油价补助政策调整为契机，用市场化手段赎买渔船和功率指标，着力压减国内海洋捕捞产能，逐步实现海洋捕捞强度与渔业资源再生能力相协调。规范发展远洋渔业，积极稳妥库存鱿鱼等大宗远洋产品，持续增强远洋渔业市场竞争力和发展后劲。

（四）优势特色产业

地方特色优势农产品具有显著的地域性，在乡村产业振兴中具有独特作用。要充分利用地域、品种、资源和文化优势，大力发展特色农业，把地方土特产和小品种做成带动农民增收的大产业。优化农业区域布局，以主体功能区规划和优势农产品布局规划为依托，科学划定蔬菜瓜果、茶叶蚕桑、花卉苗木、食用菌、中药材和特色养殖等产业重点发展地区，并与现代农业产业园、科技园、创业园紧密结合。开展特色农产品标准化生产示范，建设一批地理标志农产品和原产地保护基地。积极发展木本粮油林等特色经济林、珍贵树种用材林、花卉竹藤、森林食品等绿色产业。科学制定特色农产品优势区建设规划，建立评价标准和技术支撑体系，推动各地争创园艺产品、畜产品、水产品、林特产品等特色农产品优势区。

二、稳步发展乡村工业

推动农业现代化和加快乡村工业化是城乡关系协调发展的基本条件，两者相辅相成、互促互进。乡村工业发展要突出农业工业化方向、农民参与性导向、农村适应性取向，按照集群化、园区化、特色化、绿色化要求，优化结构布局，增强乡村工业对乡村产业的引领和支撑作用。

（一）农产品加工业

农产品加工业连接工农、沟通城乡，行业覆盖面宽、产业关联度高、带动农民就业增收作用强。要适应市场需求变化和产业升级趋势，推动农产品加工业从数量增长向质量提升、要素驱动向创新驱动、分散布局向集群发展转变，促进农产品加工业持续稳定健康发展。

合理布局。根据全国农业现代化规划和优势特色农产品产业带、粮食生产功能区、重要农产品生产保护区分布，合理布局原料基地和农产品加工业。在大宗农产品主产区重点发展粮棉油糖加工特别是玉米加工，建设优质专用原料基地和便捷智能的仓储物流体系。在特色农产品优势区重点发展"菜篮子"产品等加工，推动销售物流平台、产业集聚带和综合利用园区建设。在大中城市郊区重点发展主食、方便食品、休闲食品和净菜加工，形成产业园区和集聚带。以县为单元建设加工基地，以村(乡) 为单元建设原料基地。

因地制宜、初精结合。围绕农产品产后减损增收，建设商品化处理全产业链，重点改善农产品产后净化、分等分级、烘干、预冷、保鲜、包装等的设施装备条件，以及购置运输、称重、检化验、污水处理等的辅助仪器设备。建设田头收贮设施，购置收贮及处理设备，提升产后农产品贮藏保鲜能力。在大中城市郊区建设一批农产品精深加工示范基地，开发多元产品，打造产业发展集群。推动副产物循环利用、全值利用和梯次利用，提升副产物附加值。

加快发展绿色加工体系。加强国家农产品加工技术研发体系建设，建设一批农产品加工技术集成基地。大力发展绿色加工，引导建立低碳、低耗、循环、高效的绿色加工体系。支持农产品加工园区循环化改造，推进清洁生产和节能减排，引导企业建立绿色工厂，加快应用节水、节粮等高效节能环保技术装备。

(二) 饲料工业

饲料工业是联结种养的重要产业，既是种植产品的加工业，又是养殖业的投入品，为现代养殖业提供物质支撑。我国饲料工业经过30多年快速发展，迫切要求加快供给侧结构性改革，实现发展动能转换。

优化饲料工业布局。综合考虑养殖业发展趋势、环境资源禀赋、区位优势和现有产业基础等因素，区别加快发展区、稳定发展区、适度发展区，调整优化饲料工业布局，促进不同区域饲料加工业与种养业协调发展。

保障饲料原料供应。稳定蛋白饲料原料供应，适度增加油菜籽等其他品种进口，加强合成氨基酸新品种应用。建设现代饲草料生产体系，推广草料结合的全混合日粮和商品饲料产品。持续推进秸秆饲料化利用，促进农副资源饲料化利用。

发展安全高效环保饲料产品。加快发展新型饲料添加剂，稳定提高营养改良型酶制剂生产水平，加快研发新型酶制剂，加强药食同源类植物功能挖掘，开发饲用多糖和寡糖产品。研发推广安全环保饲料产品，发展能改善动物整体健康水平的新型饲料产品。

（三）农机装备产业

农业机械装备是发展现代农业、推动乡村振兴的重要物质基础。我国是世界第一农机制造和使用大国，农机装备产业发展，要按照“自主创新、加速转化、提升产业、全面发展”的要求，以创新驱动促进产业转型升级为核心，以市场主导和政府引导相结合为手段，着力扩大产业规模，着力提升创新水平。

开发适用产品。适应农业生产规模化、精准化、设施化和全程机械化要求，优化农机产品结构。积极发展适合家庭经营需要的中小型、轻简化农机，形成高、中、低端产品共同发展格局。按照绿色化发展要求，开发生产高效节能环保、多功能、智能化、资源节约型农业装备产品。

提升制造水平。加大农业装备企业技术改造力度，应用精密成型、智能数控等先进加工装备和柔性制造、敏捷制造等先进制造技术。完善农机产品质量标准体系，实现动力机械与配套农具、主机与配件的标准化、系列化、通用化开发生产。

调整行业结构。完善产业组织结构，提升产业集中度和专业化分工协作水平。中小型企业走“专、精、特、新”发展道路，培育一批零部件加工企业；通过优化重组、兼并，形成整机核心部件均能全程自主生产的龙头企业。

（四）肥料产业

肥料产业存在产能过剩、基础肥料品种发展不平衡、产品同质化严重、绿色有机肥料发展不足等问题。肥料产业发展要为农业绿色发展提供绿色无污染肥料，为农民提供个性化、多样化的套餐增值服务。推行测土配方施肥模式，在了解土壤养分等基本情况的基础上，有针对性地生产氮磷钾配比更科学、更符合土壤养分需求的肥料，同时把环境中蕴藏的养分充分利用起来。通过配方增加微量元素等方法，充分挖掘土壤微生物潜力，更好地发挥营养调控价值。充分利用植物秸秆、动物排泄物等有机质资源，通过物理形态改变、微生物发酵等方式，创新开发有机肥，并生产有机无机复混肥。适应农业专业化和社会化服务发展要求，肥料企业向后延伸服务，发展测土配方施肥、水肥一体化、施肥机械化等精准化便利化服务。

（五）农药产业

现代农药已步入超高效、低用量、无公害的绿色农药时代，新种植形态和生态理念对农药发展及其应用提出更高要求。要根据新的《农药管理条例》及我国农药行业发展现状，推动农药产业高质量发展。

优化产业布局。加快农药企业向专业化园区集中，降低生产分散度。强化行业监管，健全公平公正行业准入政策，制止低水平重复建设，建立和完善重污染企业退出机制。组建大型农药企业集团，培育有国际竞争力的企业。

深化品种结构调整。支持高效、安全、经济、环境友好的农药新产品发展，推动农用剂型向水基化、无尘化、控制释放等高效、安全的方向提升，发展用于小宗作物的农药、生物农药和用于非农业领域的农药新产品、新制剂。

强化创新驱动。建设农药技术创新体系，加强共性关键技术和技术集成开发。加快成果转化，重点突破“三废”处理关键技术、环保型剂型开发技术、基于药物传递系统的环保农药剂型开发共性技术等。

三、发展乡村服务业

乡村服务业是指服务于农业再生产和农村经济社会发展，通过多种经济形式、多种经营方式、多层次多环节发展起来的一大产业，是现代服务业的重要组成部分。要适应乡村产业的兴旺需求和农村居民日益增长的美好生活需要，在加强政府公益性服务的基础上，积极培育经营性服务组织，鼓励种子、农机、农药生产企业延伸服务链，拓展服务内容，规范服务行为，推动乡村服务产业有序、健康、快速发展。

（一）农资配送服务

农资配送服务包括作物与畜禽水产种子种苗、化肥、农药等的配送服务。在种子种苗方面，由服务组织与“育繁推一体化”种业企业合作，在良种研发、展示示范、集中育秧（苗）、标准化供种、用种技术指导等环节向农民和生产者提供全程服务；开发包括种子供求、品种评价、销售网点布局等信息在内的手机客户端，为农民科学选种、正确购种提供服务；开展种子种苗、畜种及水产苗种保存、运输等物流服务。在肥药方面，积极发展兽药、农药和肥料连锁经营、区域性集中配送等供应模式。开展青贮饲草料收贮，推广优质饲草料收集、精准配方和配送服务。特别要重视发挥供销合作社在农资供应和资源配送上的主渠道优势，优化农资配送服务方式。供销合作社可在有条件的农民合作社设立农资供应网点，加强农资物联网建设与应用；与农民专业合作社、农产品行业协会等协作，开办“庄稼医院”，建立智慧农资网络，承担政府向社会力量委托或购买的相关公共服务，提供农资配送等服务。

（二）农技推广服务

农技推广服务涉及农民千家万户对粮食等大宗生产技术、公共性技术的需求，一般由政府农业公共服务机构直接提供或通过购买服务的方式由经营性服务机构提供。在作业内容上，开展深翻、深松、秸秆还田等田间作业，集成推广绿色、高产、高效技术模式。采用测土配方施肥、有机肥替代化肥等减量增效新技术，推进肥料统供统施服务，加快推广喷灌、滴灌、水肥一体化等农业节水技术。推广绿色防控产品、高效低风险农药和高效大中型施药机械，以及低容量喷雾、静电喷雾等先进施药技术，推进病虫害统防统治与全程绿色防控有机融合。动物防疫服务组织、畜禽水产养殖企业、兽药生产企业、动物诊疗机构和相关科研院所等各类主体，提供专业化动物疫病防治服务。促进公益性农技推广机构与经营性服务组织融合发展，基层农技推广机构通过派驻人员、挂职帮扶、共建载体、联合办公等方式，为新型经营主体和服务主体提供全程化、精准化和个性化指导服务。探索农技人员在履行好岗位职责前提下，通过提供增值服务获取合理报酬的新机制。构建农技推广机构、科研教学单位、市场化主体、乡土人才、返乡下乡人员等广泛参与、分工协作的农技推广服务联盟，实现农业技术成果组装集成、试验示范和推广应用的无缝链接。

（三）农机作业服务

推进农机作业服务领域从粮棉油糖作物向特色作物、园艺作物、养殖业生产配套拓展，服务环节从以耕种收为主向专业化植保、秸秆处理、产地烘干等农业生产全过程延伸。加快应用基于北斗系统的作业监测、远程调度、维修诊断等大中型农机物联网技术，农机作业服务主体可利用全国“农机直通车”信息平台，及时掌握需求信息，加强信息交流，提高跨区作业服务效率。积极发展农机具维修服务，有效打造区域农机安全应急救援中心和维修中心，以农机合作社维修和农机企业“三包”服务网点为重点，推动专业维修网点转型升级。在粮食生产功能区、重要农产品保护区、特色农产品优势区，支持农机服务主体以及农村集体经济组织等建立集中育秧、集中烘干、农机具存放等设施，为农户提供一站式服务。

（四）农业生产托管

农业生产托管是农户等经营主体在不流转土地经营权的条件下，将农业生产中的耕、种、防、收等全部或部分作业环节委托给服务组织完成或协助完成的农业经营方式，是多方面服务的综合体，是服务型规模经营的主要形式，具有广泛的适应性和发展潜力。总结推广土地托管、代耕代种、联耕联种、农业共营制等托管形式，把发展农业生产托管作为推进农业生产性服务业、带动普通农户发展适度规模经营的主推服务方式，采取政策扶持、典型引导、项目推动等支持推进措施。

（五）农业废弃物资源化利用服务

鼓励通过政府购买服务的方式，支持专业服务组织收集处理病死畜禽。在养殖密集区推广分散收集、集中处理利用等模式，推动建立畜禽养殖废弃物收集、转化、利用三级服务网络，探索建立畜禽粪污处理和利用受益者付费机制。加快残膜捡拾、加工机械和残膜分离等技术装备研发，积极探索生产者责任延伸制度，由地膜生产企业统一供膜、统一回收。推广秸秆青（黄）贮、秸秆膨化、裹包微贮、压块（颗粒）等饲料化技术，采取政府购买服务、政府与社会资本合作等方式，培育一批秸秆收、储、运社会化服务组织，发展一批生物质供热供气、颗粒燃料、食用菌等可市场化运行主体，促进秸秆资源循环利用。

（六）农产品流通交易服务

加强产地批发市场建设，培育现代农业物流中心，在巩固提高现有大中型批发市场的基础上，探索绿色农产品直供、连锁配送、定点销售等营销机制，提供农产品预选分级、加工配送、包装仓储、信息服务、标准化交易、电子结算、检验检测等服务。完善农产品物流服务，推进农超对接、农社对接，利用农业展会开展多形式产销衔接。支持有资质的服务组织开展农产品质量安全检验检测，推动检测结果互认，提供准确、快捷的检测服务。基层农产品质量安全监管机构提供追溯服务，指导主体开展主体注册、信息采集、产品赋码、扫码交易、开具食用农产品合格证等业务。以整合开发现有农业信息资源和健全农业信息服务体系为重点，建立延伸至农业龙头企业、农产品批发市场、中介组织和经营大户的信息网络，加强市场购销、价格等信息采集、分析和发布，建立健全市场引导生产、推动农业结构调整的机制。

（七）提升乡村服务业水平

搭建统一高效、互联互通的信息服务平台，加快建设和汇集各类农业重要基础性信息系统，为生产主体提供农产品生产状况、市场供求走势、资源环境变化、动植物疫病防控、产品质量安全以及服务组织资信等信息服务。全面实施信息进村入户工程，支持各类服务组织参与益农信息社建设，共用共享农村各类经营网点资源，为农民和新型主体提供公益服务、便民服务、电子商务和培训体验等服务。积极拓展服务领域，为农业农村发展提供基础设施管护、小额资金信贷等服务。

健全乡村服务业标准体系，针对不同行业、不同品种、不同服务环节，制定服务标准和操作规范，加强服务过程监管，引导服务主体严格履行服务合同。建立服务质量和绩效评价机制，有效维护服务主体和服务对象的合法权益。将农业服务领域信用记录纳入全国信用信息共享平台。

着力规范服务行为，大力推行专项服务“约定有合同、内容有标准、过程有记录、人员有培训、质量有保证、产品有监管”模式，提高服务标准化水平。统筹和整合基层农业服务资源，搭建集农资供应、技术指导、动植物疫病防控、土地流转、农机作业、农产品营销等服务于一体的区域性综合服务平台，集成、应用、推广先进适用技术和现代物质装备，不断提升综合服务的集约化水平。

第二节　培养农业新兴产业

一、培育新产业、新业态

新产业、新业态是现代生产技术及管理要素与产业深度融合和创新的产物，遵循一二三产业融合、产业链延伸、农业多功能拓展创新路径和生成机理，通过要素聚合、叠加衍生和交互作用生成新的经济形态，创造出新产品、新服务供给和增量效益。要充分发挥农村自然资源、生态环境、民俗文化和特色产业等的优势，培育壮大新产业、新业态，为农村经济发展、农业转型升级和农民创业增收注入持久活力。

（一）创意农业

创意农业是把创意作为一种生产要素，将农业生产消费活动与文化创意活动相融合，拓展农业多种功能，提升农产品附加值的农业新型业态。要将创意农业作为农业战略性新兴产业加以培育，实现农业发展方式的转变，传承农业文化，促进社会文明。

推广多类型模式。创意农业是现代生物技术、工业技术、农业技术、信息智能技术等与经济、文化、习俗、生活习惯等融合的产物。借助不同地方各异的资源条件，依赖于创意主体的灵感和创作，总结推广园区建设、节庆会展、资源开发、区位利用、文化创造、空间拓展等多种模式，实现创意农业持续稳定发展。

培养多样化人才。依托高水平大学，培养一大批对文化有兴趣、有研究，对艺术审美有追求、有爱好，对农村、农民有感情的专业人才。对农业从业人员加强艺术、美术等专业知识培养，提高其艺术素养和美学欣赏、创造水平。

开拓新兴资源。促进传统农业文化资源的综合开发利用，通过创意将各种自然资源和人文资源、有形和无形的资源有效地转化为农业农村经济发展的资本，更多地依靠文化资本和社会资本等软性要素的驱动来实现农业农村经济发展方式的转变。用无限创意突破有限自然资源约束，促进农业农村经济增长向“软”驱动方式转变。

构建营销体系。完善促进创意农业发展的政策，以政府引导、政策支持、市场激励等方式，加快创意农业发展的资本市场建设。通过文化精品传播增强创意农业的吸引力和辐射力，赢得受众的认同。用文化创意来推动农产品品牌建设，使创意农业依靠富有文化内涵的农产品品牌，跳出价格竞争重围，占领市场。

（二）智慧农业

智慧农业集互联网、移动互联网、云计算和物联网技术于一体，依托农业生产现场的各种传感节点和无线通信网络，实现农业生产环境的智能感知、智能预警、智能决策、智能分析、专家在线指导，为农业生产提供精准化种植、可视化管理、智能化决策，从而使农业具有“智慧”。智慧农业应重点对农业生产经营和管理活动进行改造，使之呈现新业态。

升级生产领域，由人工走向智能。在种养生产环节，构建集环境生理监控、作物模型分析和精准调节于一体的农业生产自动化系统，根据自然生态条件改进农业生产工艺，进行农产品差异化生产。在食品安全环节，构建农产品溯源系统，记录存储农产品生产、加工等过程的相关信息，通过食品识别号在网络上对农产品进行查询认证，追溯全程信息。在生产管理环节，将智能设施与互联网应用于农业测土配方、茬口作业计划以及农场生产资料管理等计划系统，提高生产效能。

升级经营领域，突出个性化、差异性营销方式。物联网、云计算等技术的应用，打破农产品市场的时空限制，实时监测和传递农资采购和农产品流通等数据，有效解决信息不对称问题。在主流电商平台开辟专区，拓展农产品销售渠道，龙头企业通过自营基地、自建网站、自主配送方式打造一体化农产品经营体系，推动农业经营向订单化、流程化、网络化转变，发展个性化与差异性的定制农业营销方式。

升级服务领域，提供精确、动态、科学的全方位信息服务。应用基于北斗的农机调度服务系统，通过室外大屏幕、手机终端等灵活便捷的信息传播形式向农户提供气象、灾害预警和公共社会信息服务。为农业经营者传播先进的农业科学技术知识、生产管理信息并提供农业科技咨询服务，提高农业生产管理决策水平，增强市场抗风险能力。

（三）休闲农业

休闲农业利用田园景观、自然生态及资源条件，结合农林牧渔生产经营活动、农村文化及农家生活，为民众提供休闲娱乐，增进民众对农业及农村生活的体验。休闲农业兴起于 20 世纪 30—40 年代的意大利、奥地利等地，随后迅速在欧美国家发展起来。近年来，随着人们生活水平的提高，我国休闲农业发展势头强劲，有些地方呈“井喷式”增长。从休闲农业特点和当前态势看，应重点在以下几个方面下功夫。

类型丰富和产业集聚。依托农业主体产业，开发好“花”“果”“农”等特色资源，延伸开发农业生产功能，配套服务设施，突出休闲性，增强参与性，使自然风光与农业生产融为一体。打造一批美丽田园，提高农业综合效益。支持经营主体协作联合，打造精品线路、特色产业带和优势产业群，推动休闲农业资源共享、优势互补、信息互通、利益互惠和产业集聚。

创意设计和融合发展。注重休闲农业资源整体开发，强化农业产品、农事景观、环保包装、乡土文化和休闲农业经营场所的创意设计，打造一批集农耕体验、田园观光、教育展示、文化传承于一体的休闲农业园。开发具有地方特色的休闲产品，推进农业与文化、科技、生态、旅游的融合。

生态保护和规范管理。处理好保护和开发的关系，利用荒山、荒坡、荒滩、废弃矿山等发展休闲农业，利用山水、生态、人文等优势提升休闲农业内涵，加强生态环境和休闲农业经营场所管理。

营销宣传和助推发展。健全休闲农业信息发布与交流平台，创新休闲农业与乡村旅游营销方式。发挥互联网、报刊广播电视等媒体的作用，有重点地进行宣传推介。以优势产业为基础，推出特色农事节庆活动，举办休闲农业专场推介会等活动，扩大休闲农业与乡村旅游的知名度和影响力。

（四）品牌农业

品牌农业是指经营者通过相关农业类产品和服务质量认证，取得相应商标权，以加强质量管理和市场营销等手段提高市场认知度和美誉度，进而获取较高经济效益的农业。发展品牌农业，要坚持质量第一、效益优先，把品牌化经营理念、机制和手段全面引入农业生产经营全过程，着力构建农业品牌培育、管理、推广和保护体系，加快农业转型升级，促进农村产业兴旺。

强化质量育品牌。加快现代农业标准制（修）订，全面推行涵盖管理制度、管理人员、生产记录、质量检测、包装标记以及质量追溯的“五有一追溯”农产品标准化生产管理模式。加强农产品产地环境净化和保护，推进绿色防控、健康养殖。全面实施规模食用农产品生产主体合格证管理制度，推进质量安全追溯体系建设，健全农产品产地准出与市场准入无缝对接机制，强化农产品质量全程有效监管。

强化主体树品牌。骨干农业企业加强科技创新，品牌农业企业做强品牌优势。龙头企业整合资源，各类生产经营主体联合协作，打造品牌农业建设利益共同体。挖掘农产品悠久历史文化内涵，发展历史经典农业。推进农产品区域品牌建设，加强区域品牌集体商标、证明商标注册，按照一个公用品牌、一套管理制度、一套标准体系、多个经营主体和产品的思路，健全品牌运营管理制度，打造农产品区域公用品牌。

强化营销拓品牌。建设有特色的区域公用品牌产地市场，以线上线下结合的方式，为农产品品牌构建完善的信息网络和物流体系。发挥各类展示展销平台的作用，推介品牌农产品。推动优质特色农产品进超市、进社区。加大品牌宣传力度，推进出口农产品品牌建设。发挥媒体舆论引导和价值传播的作用，推动媒体宣介与品牌建设联姻。

强化扶持护品牌。政府部门做好区域公用品牌建设规划布局，制定政策、标准以及相关管理规定，构建公平公正、法制健全、自由竞争的品牌发展环境。推动形成部门协作监督体系，强化授权管理和产权保护，严厉打击假冒伪劣产品，及时处理误导消费者、扰乱市场秩序的行为。综合运用政策工具支持补齐农业品牌建设短板，加大对区域公用品牌的扶持力度，撬动社会资本参与品牌建设。探索建立农业品牌目录制度，建立产品质量、知识产权等领域的失信联合惩戒机制，切实保护农业品牌形象。

（五）农产品电子商务

农产品电子商务是在农产品生产、销售、管理等环节全面导入电子商务系统，利用信息技术，收集发布供求、价格等信息，并以网络为媒介，依托农产品生产基地与物流配送系统，迅捷安全实现农产品交易与货币支付。建设好农村信息化基础设施。改善农村公路、物流、信息等基础条件，加快农村地区宽带网络和第四代移动通信网络覆盖步伐，针对农产品生产布局和季节性收获特点，合理规划建设集货、初加工、预冷、分拣、包装、仓储等基础设施。

打造农村电子商务公共服务平台。加强农产品产后分等分级、包装、营销，建设农产品冷链仓储物流体系，供销、邮政及各类企业把服务网点延伸到乡村，强化农村电子商务人才培训。

创新基于电子商务的农业产业模式。利用电子商务帮助农村地区从供给侧入手，发展数字农业，培育特色优势产业，通过电商大数据，改进生产经营模式，健全农产品产销稳定衔接机制。

优化农村发展环境。完善农村教育、医疗等与生活、创业相关的配套设施建设，吸引“城归”“雁归”“新农民”等群体返乡下乡，利用电子商务开展创业创新，让他们留得住、创得成、长得大。

(六) 产业化联合体

农业产业化联合体是龙头企业、农民合作社和家庭农场等新型农业经营主体以分工协作为前提，以规模经营为依托，以利益联结为纽带而建立的一体化农业经营组织联盟，是全产业链基础上乡村产业深度融合的有效载体。以产业化联合体为平台推进乡村产业融合，要坚持市场主导、农民自愿、民主合作、兴农富农的原则，培育发展一批带农作用突出、综合竞争力强、可持续发展的农业产业化联合体，为农业农村发展注入新动能。

发挥龙头企业引领作用。支持龙头企业建立现代企业制度，发展精深加工，建设物流体系，健全农产品营销网络，主动适应和引领产业链转型升级。鼓励龙头企业强化供应链管理，制定农产品生产、服务和加工标准，示范牵动农民合作社和家庭农场从事标准化生产。引导龙头企业发挥产业组织优势，联手农民合作社、家庭农场组建农业产业化联合体，实行产加销一体化经营。

突出农民专业合作社纽带作用。鼓励普通农户、家庭农场组建农民合作社，积极发展生产、供销、信用“三位一体”合作。引导农民合作社依照法律和章程加强民主管理、民主监督，保障成员的物质利益和民主权利，发挥成员积极性，共同办好合作社。支持农民合作社围绕产前、产中、产后环节从事生产经营和服务，引导农户发展专业化生产，促进龙头企业发展加工流通，使合作社成为农业产业化联合体的“黏合剂”和“润滑剂”。

注重家庭农场基础作用。按照依法、自愿、有偿的原则，鼓励农户流转承包土地经营权，培育适度规模经营家庭农场。鼓励家庭农场使用规范的生产记录和财务收支记录，提高经营管理水平。健全家庭农场管理服务，完善名录制度，建立健全示范家庭农场认定办法。鼓励家庭农场办理工商注册登记。引导家庭农场与农民合作社、龙头企业开展产品对接、要素联结和服务衔接。

深化成员间高效协作。坚持民主决策、合作共赢，农业产业化联合体成员之间地位平等。引导各成员充分协商，制定共同章程，明确权利、责任和义务，提高运行管理效率。探索治理机制，制发统一标识。鼓励农业产业化联合体依托现有条件建立相对固定的办公场所，以多种形式沟通、协商涉及经营的重大事项，共同制定生产计划，保障各成员的话语权和知情权。

完善利益共享机制。探索成员相互入股、组建新主体等新型融合方式。引导农民以土地经营权、林权、设施设备等入股家庭农场、农民合作社或龙头企业，采取“保底收入+股份分红”分配方式，让农民以股东身份获得收益。加强订单合同履约监督，建立诚信促进机制和失信警戒机制。强化对龙头企业联农带农的激励，探索将国家相关扶持政策与龙头企业带动能力适当挂钩。

二、培育农业高新产业

促进农业传统产业提质增效，加快壮大农业新兴产业。根据资源优势和国家产业政策导向，抓好区域布局，促进优势产品、优势产业向适宜区域集中，形成专业化、规模化的企业集团和产业链。重点发展高端化、高效化、生态化的农业新兴骨干科技企业，加快培育农业科技型小微企业。

（一）创新农业科研载体

根据农业发展方向和需要，按照产业基础、生态区域和专业学科，支持建设一批能够持续提供农业原创性科技成果的科研载体。以主导产业的农业科技企业为主体，布局建设一批重点企业研究院，从应用层面协同推进农业高科技产业创新提升。通过优化学科建设，打造一批农业农村重点学科和重点实验室。坚持以企业为主体，联合高校科研院所，共同建设涉农企业研发中心、工程技术中心、工程实验室、企业技术中心等各类载体，夯实农业创新基础条件。

（二）提升农业科技园区水平

农业科技园区是在一定区域内，以科技为核心，集聚土地、资金、科技、人才等生产要素的农业科技与经济相融合的新型农业生产经营综合体，具有技术创新转化示范、农业科技型企业孵化、新兴产业培育、精品农产品生产、现代农业服务等功能。要坚持政府引导、企业运作、社会参与、农民受益的思路，以创新为动力，整合产业要素和创新要素，延伸产业链，推进农业产业链、创新链、资金链有机结合，实现农业一二三产业融合、园村（城镇）融合，使农业科技园区成为先进生产要素集聚、创新链完整、带动效应明显的现代农业发展先行示范区。

（三）培育农业科技企业

企业是最具活力的创新主体。完善农业高新技术企业服务机制，通过孵化器孵化一批、高新企业派生一批、科技人员领办创办一批、传统产业改造提升一批、引进培育一批等模式，大力培育农业高新技术企业。落实企业研发费用加计扣除、高新技术企业税收优惠、固定资产加速折旧等政策，推动农业高新技术企业配置新设备和应用新技术，激发农业高新技术企业创新活力，加速成长为农业领域具有较强创新影响力和带动力的企业群。

（四）建设重点农业企业研究院

企业研究院作为企业技术创新体系的组织者和核心载体，承担着制定企业技术发展战略、规划，把握产业技术发展趋势和市场需求动向，吸引一流创新人才，研究新技术、开发新产品，开拓新市场、创造新价值的重任。围绕农业主导产业和特色新兴产业，选择业内具有引领带动作用的农业科技企业，建设重点农业企业研究院。按照产业链建设的思路，通过在上、中、下游布局建设农业企业研究院，实现创新链、产业链有机协同的“双链”融合。探索政府引导、企业主体、产学研紧密结合、开放式的技术创新体系构建途径，加强省、市、县政府协同创新，支持重点企业研究院主持实施重大科技专项，联合开展前沿技术研究、技术难题攻关、成果产业化、人才培养等工作，使之成为重要的科技创新载体。

第三节　激发农村创新创业活力

坚持市场化方向，优化农村创新创业环境，放开搞活农村经济，合理引导工商资本下乡，推动乡村大众创业万众创新，培育新动能。

一、培育壮大创新创业群体

推进产学研合作，加强科研机构、高校、企业、返乡下乡人员等主体协同，推动农村创新创业群体更加多元。培育以企业为主导的农业产业技术创新战略联盟，加速资金、技术和服务扩散，带动和支持返乡创业人员依托相关产业链创业发展。整合政府、企业、社会等多方资源，推动政策、技术、资本等各类要素向农村创新创业集聚。鼓励农民就地创业、返乡创业，加大各方资源支持本地农民兴业创业力度。深入推行科技特派员制度，引导科技、信息、资金、管理等现代生产要素向乡村集聚。

二、完善创新创业服务体系

发展多种形式的创新创业支撑服务平台，健全服务功能，开展政策、资金、法律、知识产权、财务、商标等专业化服务。建立农村创新创业园区（基地），鼓励农业企业建立创新创业实训基地。鼓励有条件的县级政府设立“绿色通道”，为返乡下乡人员创新创业提供便利服务。建设一批众创空间、“星创天地”，降低创业门槛。依托基层就业和社会保障服务平台，做好返乡人员创业服务、社保关系转移接续等工作。

三、建立创新创业激励机制

加快将现有支持“双创”相关财政政策措施向返乡下乡人员创新创业拓展，把返乡下乡人员开展农业适度规模经营所需贷款按规定纳入全国农业信贷担保体系支持范围。适当放宽返乡创业园用电用水用地标准，吸引更多返乡人员入园创业。各地年度新增建设用地计划指标，要确定一定比例用于支持农村新产业新业态发展。落实好减税降费政策，支持农村创新创业。

第四章 加快推进农业现代化

第一节 夯实农业生产能力基础

一、健全粮食安全保障体系

粮食安全是国家安全的重要基础，是关乎国运民生和社会稳定的头等大事。要牢固树立总体国家安全观和新粮食安全观，深入实施国家粮食安全战略，加快构建更高层次、更高质量、更有效率、更可持续的国家粮食安全保障体系。

（一）推动完善粮食生产支持保护制度

粮食生产支持保护制度是我国粮食安全保障体系的重要组成部分，在当前我国粮食供需长期处于紧平衡状态的背景下，加快形成以财政支持、金融支持、政策支持为主的粮食生产支持保护制度，对于提高种粮主体的生产积极性、切实提升我国的粮食安全保障能力具有重要意义。

首先，通过财政保障性资金的稳定投入，充分发挥财政对粮食生产的促进和支持作用。利用财政资金加快农业基础水利设施、气象灾害预警设施建设，为粮食的规模化生产提供有利的外部基础，以降低粮食的耕种成本，减少种粮主体的资金投入负担。通过合理设置农药、化肥、现代化农用器械等生产要素的财政补贴价格，构建以环境友好、绿色发展为导向的粮食价格补贴体系，充分发挥补贴资金的引导作用，为种粮主体采用现代化的粮食生产方式提供制度性激励，促进粮食生产从传统方式向集约化、智慧化转变。

其次，创新粮食产业的金融服务模式，加强金融行业对粮食生产的支持力度。依托不断完善的粮食产业信贷担保体系，充分发挥农村小额信贷、农业保险等金融服务对粮食生产的支持作用，加快形成以财政保障为主、以金融支持为辅的双重保障格局。

最后，不断完善相关法律法规和政策体系，切实保护种粮主体的合法权益。积极推动粮食安全保障立法工作，形成以粮食安全为导向的法律法规和政策，加强执法和监督力度，保障粮食产业的健康发展。

（二）加快构建节粮减损长效机制

通过建立制度化的长效机制，减少粮食收割、物流和生产环节的耗损率，杜绝食品消费中的铺张浪费现象，是健全国家粮食安全保障体系的重要内容。

深化农业供给侧结构性改革，推广低损耗、高效率的粮食收割方式，有效提升粮食收割机械作业的精细化水平，降低粮食生产过程中的耗损率。推广现代化的粮食运输、储藏模式，加快建立智能化的粮食运输与仓储设施，依托互联网和大数据技术实现粮食运输和仓储过程的信息化与可视化管理，提升全链条的智能化监管水平以降低运输与仓储环节的耗损率。切实解决粮油过度加工问题，提高成品粮出品率和副产物综合利用率。推进餐厨废弃物资源化利用，加大对餐厨废弃物资源化利用企业的支持和相关技术的研发推广力度。加强国情教育和粮食安全教育，加大反对食品浪费的宣传教育力度，营造以节约粮食为荣、浪费粮食为耻的社会氛围，培养科学、文明的饮食文化。餐饮企业应转变经营理念，切实履行提醒义务，鼓励消费者适量点餐，在菜品分量上提供多样化选择，推行健康、文明的餐饮消费模式。积极推进节约粮食、反对食品浪费工作的法治化进程，加快推进粮食法立法进程，建立有利于促进粮食节约、反对食品浪费的法律机制。

（三）强化粮食生产的科技和人才支撑

耕地有限，技术进步无限，“藏粮于技”是保障国家粮食安全的必然选择。目前，我国的农业发展已经到了更多依靠农业科技进步突破资源环境约束，统筹兼顾粮食安全和生态安全，提高农业科技进步对粮食增产提质的贡献率，推动农业绿色发展，实现内涵式发展道路的新阶段。

通过构建包括高校、科研院所、企业在内的多元化研发体系，强化农业基础研究，全面升级农业应用技术，强化生物育种科技创新，着重突破一批影响作物单产提高、品质提升、效益增加、环境改善的关键核心和“卡脖子”技术。加强对农业科技创新的政策支持，鼓励科研院所和科技企业通过协同创新开展农用机械研发，推进农业领域产学研融合发展。

加强粮食生产中的科技和人才投入，是保障粮食安全的重要基础，也是落实“藏粮于技”战略的必然要求。不断完善农业人才培养体系，强化农业知识体系中农业经营管理方面的培训内容，依托高校特色农业学科培养一批既具有扎实农业理论和实践经验，又熟知家庭农场及农业合作社管理经营模式的现代农业人才，为粮食的规模化经营与生产提供充足的人才储备。通过政府购买社会服务等方式实现科研人员、农业专家与种粮农户之间的精准对接。积极开展线上农业教育和远程农业指导，充分发挥高端人才对粮食生产的支撑作用。

（四）适度开展粮食进口贸易

粮食适度进口，是充分利用国内国外两个市场，优化粮食供给结构，从更高层次上保障国家粮食安全，努力构建粮食对外开放新格局，积极参与全球和区域粮食安全治理的重要手段。目前，我国已实现了谷物基本自给、口粮绝对安全的粮食安全目标。但实现谷物基本自给并不意味着完全不进口粮食，在确保口粮绝对安全的前提下适度开展粮食进口贸易，不仅是现阶段优化粮食消费结构、提升粮食供应能力的有效举措，也是健全国家粮食安全保障体系的重要方式。

一方面，应充分利用国际市场适度进口粮食，提升国内粮食供应和保障能力，满足国内消费者多样化的粮食需求，有效缓解国内粮食生产带来的环境、耕地等自然资源的压力；另一方面，开展粮食进口贸易应坚持底线思维，进口粮食不能对国内粮食市场造成冲击，不能挫伤种粮农户的生产积极性，不能损害种粮主体的经济利益。推动粮食进口国别和渠道的多元化，消除国际粮食市场波动对国内粮食供给的冲击；加强粮食进口的配额管理，严厉打击粮食走私，规范市场秩序，确保粮食产业安全；增强战略眼光，树立全球视野，引导具备国际竞争力的农业企业走出去，开展粮食生产、加工、仓储、物流、贸易的跨国经营，积极参与全球粮食产业链、供应链管理，不断提高我国在国际粮食市场中的话语权，更好地保障国家粮食安全。

二、加强耕地保护和建设

坚持严保严管。强化耕地保护意识，强化土地用途管制，强化耕地质量保护与提升，坚决防止耕地占补平衡中补充耕地数量不到位、补充耕地质量不到位的问题，坚决防止占多补少、占优补劣、占水田补旱地的现象。

（一）严格控制建设占用耕地

加强土地规划管控和用途管制。充分发挥土地利用总体规划的整体管控作用，从严核定新增建设用地规模，优化建设用地布局，从严控制建设占用耕地特别是优质耕地；严格永久基本农田划定和保护。全面完成永久基本农田划定，将永久基本农田划定作为土地利用总体规划的规定内容。永久基本农田一经划定，任何单位和个人不得擅自占用或改变用途。强化永久基本农田对各类建设布局的约束，一般建设项目不得占用永久基本农田；以节约集约用地缓解建设占用耕地压力，盘活利用存量建设用地，促进城镇低效用地再开发，引导产能过剩行业和“僵尸企业”用地退出、转产和兼并重组。强化节约集约用地目标考核和约束，推动有条件的地区实现建设用地减量化或零增长，促进新增建设不占或尽量少占耕地。

（二）改进耕地占补平衡管理

严格落实耕地占补平衡责任。完善耕地占补平衡责任落实机制。非农建设占用耕地的，建设单位必须依法履行补充耕地义务，无法自行补充数量、质量相当耕地的，应当按规定足额缴纳耕地开垦费。地方各级政府负责组织实施土地整治，通过土地整理、复垦、开发等推进高标准农田建设，增加耕地数量、提升耕地质量，以县域自行平衡为主、以省域内调剂为辅、以国家适度统筹为补充，落实补充耕地任务；大力实施土地整治，落实补充耕地任务。拓展补充耕地途径，统筹实施土地整治、高标准农田建设、城乡建设用地增减挂钩、历史遗留工矿废弃地复垦等，新增耕地经核定后可用于落实补充耕地任务。鼓励地方统筹使用相关资金实施土地整治和高标准农田建设；严格补充耕地检查验收。严格新增耕地数量认定，依据相关技术规程评定新增耕地质量。省级政府要做好对市县补充耕地的检查复核，确保数量、质量到位。

（三）推进耕地质量提升和保护

大规模建设高标准农田。各地要根据《全国高标准农田建设总体规划（2021—2030 年）》和《全国土地整治规划（2016—2020 年）》的安排，逐级分解高标准农田建设任务。建立政府主导、社会参与的工作机制，以财政资金引导社会资本参与高标准农田建设。加强高标准农田后期管护，落实高标准农田基础设施管护责任；实施耕地质量保护与提升行动。全面推进建设占用耕地耕作层剥离再利用，提高补充耕地质量。将中低质量的耕地纳入高标准农田建设范围，实施提质改造，在确保补充耕地数量的同时，提高耕地质量。加强新增耕地后期培肥改良，开展退化耕地综合治理、污染耕地阻控修复等，有效提高耕地产能；统筹推进耕地休养生息。加强轮作休耕耕地管理，加大轮作休耕耕地保护和改造力度，因地制宜实行免耕少耕、深松浅翻、深施肥料、粮豆轮作套作的保护性耕作制度，实现用地与养地结合，多措并举保护提升耕地产能；加强耕地质量调查评价与监测。完善耕地质量和耕地产能评价制度，定期对全国耕地质量和耕地产能水平进行全面评价并发布评价结果。完善土地调查监测体系和耕地质量监测网络。

（四）健全耕地保护补偿机制

加强对耕地保护责任主体的补偿激励。统筹安排资金，按照谁保护、谁受益的原则，加大耕地保护补偿力度。鼓励地方统筹安排财政资金，对承担耕地保护任务的农村集体经济组织和农户给予奖补。奖补资金发放要与耕地保护责任落实情况挂钩；实行跨地区补充耕地的利益调节。在生态条件允许的前提下，支持耕地后备资源丰富的国家重点扶贫地区有序推进土地整治增加耕地，补充耕地指标可对口向省域内经济发达地区调剂。支持占用耕地地区在支付补充耕地指标调剂费用的基础上，通过实施产业转移、支持基础设施建设等多种方式，对口扶持补充耕地地区，调动补充耕地地区保护耕地的积极性。

三、提升农业装备和信息化水平

推进我国农机装备和农业机械化转型升级，加快高端农机装备和丘陵山区、果菜茶生产、畜禽水产养殖等农机装备的生产研发、推广应用。促进农机农艺融合，加快主要作物生产全程机械化，提高农机装备智能化水平。加强农业信息化建设，提高农业综合信息服务水平。

（一）加快推动农机装备产业高质量发展

完善农机装备创新体系。瞄准农业机械化需求，加快推进农机装备创新，研发适合国情、农民需要、先进适用的各类农机，既要发展适应多种形式适度规模经营的大中型农机，也要发展适应小农生产、丘陵山区作业的小型农机以及适应特色作物生产、特产养殖需要的高效专用农机。建立健全部门协调联动、覆盖关联产业的协同创新机制，支持产学研推用深度融合，推进农机装备创新中心、产业技术创新联盟建设，协同开展基础前沿、关键共性技术研究，促进种养加、粮经饲全程全面机械化创新发展。培育一批技术水平高、成长潜力大的农机高新技术企业，促进农机装备领域高新技术产业发展。

（二）推进主要农作物生产全程机械化

加快补齐全程机械化生产短板。聚焦薄弱环节，着力提升双季稻地区的水稻机械化种植水平、长江中下游地区的油菜机械化种植收获水平以及马铃薯、花生、棉花、苜蓿主产区的机械化采收水平。加快高效植保、产地烘干、秸秆处理等环节与耕种收环节机械化集成配套。加快选育、推广适于机械化作业、轻简化栽培的品种，促使良种、良法、良地、良机配套，为全程机械化作业、规模化生产创造条件。实施主要农作物生产全程机械化推进行动，率先在粮食生产功能区、特色农产品优势区创建一批整体推进示范县（场），引导有条件的省份、市县和垦区整建制率先基本实现主要农作物生产全程机械化。

（三）加强农业信息化建设

加强信息技术与农业生产融合应用。生产信息化是农业农村信息化的短板，亟须加快补齐。加快物联网、大数据、空间信息、智能装备等现代信息技术与种植业（种业）、畜牧业、渔业、农产品加工业生产过程的全面深度融合和应用，构建信息技术装备配置标准化体系，提升农业生产精准化、智能化水平。促进农业农村电子商务加快发展。加快发展农业农村电子商务，创新流通方式，打造新业态，培育新经济，重构农业农村经济产业链、供应链、价值链，促进农村一二三产业融合发展。推动农业政务信息化提档升级。政务信息化是提升政府治理能力、建设服务型政府的重要抓手。加强农业政务信息化建设，深化农业农村大数据创新应用，全面提高科学决策、市场监管、政务服务水平。推进农业农村信息服务便捷普及。加快建立新型农业信息综合服务体系，集聚各类信息服务资源，创新服务机制和方式，大力发展生产性和生活性信息服务，提升农村社会管理信息化水平，加快推进农业农村信息服务普及。夯实农业农村信息化发展支撑基础。加强农业农村信息化发展基础设施建设，加大科技创新与应用基地建设力度，大力培育农业信息化企业，支撑农业农村信息化跨越发展。

第二节　加快农业转型升级

一、优化农业生产力布局

以全国主体功能区划确定的农产品主产区为主体，立足各地农业资源禀赋和比较优势，构建优势区域布局和专业化生产格局，打造农业优化发展区和农业现代化先行区。东北地区重点提升粮食生产能力，依托“大粮仓”打造粮肉奶综合供应基地。华北地区着力稳定粮油和蔬菜、畜产品生产保障能力，发展节水型农业。长江中下游地区切实稳定粮油生产能力，优化水网地带生猪养殖布局，大力发展名优水产品生产。华南地区加快发展现代畜禽水产和特色园艺产品，发展具有出口优势的水产品养殖。西北、西南地区和北方农牧交错区加快调整产品结构，限制资源消耗大的产业规模，壮大区域特色产业。青海、西藏等生态脆弱区域坚持保护优先、限制开发，发展高原特色农牧业。

二、推进农业结构调整

加快发展粮经饲统筹、种养加一体、农牧渔结合的现代农业，促进农业结构不断优化升级。统筹调整种植业生产结构，稳定水稻、小麦生产，有序调减非优势区籽粒玉米，进一步扩大大豆生产规模，巩固主产区棉油糖胶生产，确保一定的自给水平。大力发展优质饲料牧草，合理利用退耕地、南方草山草坡和冬闲田拓展饲草发展空间。推进畜牧业区域布局调整，合理布局规模化养殖场，大力发展种养结合循环农业，促进养殖废弃物就近资源化利用。优化畜牧业生产结构，大力发展草食畜牧业，做大做强民族奶业。加强渔港经济区建设，推进渔港渔区振兴。合理确定内陆水域养殖规模，发展集约化、工厂化水产养殖和深远海养殖，降低江河湖泊和近海渔业捕捞强度，规范有序发展远洋渔业。

三、壮大特色优势产业

以各地资源禀赋和独特的历史文化为基础，有序开发优势特色资源，做大做强优势特色产业。创建特色鲜明、优势集聚、市场竞争力强的特色农产品优势区，支持特色农产品优势区建设标准化生产基地、加工基地、仓储物流基地，完善科技支撑体系、品牌与市场营销体系、质量控制体系，建立利益联结紧密的运行机制，形成特色农业产业集群。按照与国际标准接轨的目标，支持建立生产精细化管理与产品品质控制体系，采用国际通行的良好农业规范，塑造现代顶级农产品品牌。实施产业兴村强县行动，培育农业产业强镇，打造“一村一品、一乡一业”的发展格局。

四、保障农产品质量安全

实施食品安全战略，加快完善农产品质量和食品安全标准、监管体系，加快建立农产品质量分级及产地准出、市场准入制度。完善农兽药残留限量标准体系，推进农产品生产投入品使用规范化。建立健全农产品质量安全风险评估、监测预警和应急处置机制。实施动植物保护能力提升工程，实现全国动植物检疫防疫联防联控。完善农产品认证体系和农产品质量安全监管追溯系统，着力提高基层监管能力。落实生产经营者主体责任，强化农产品生产经营者的质量安全意识。建立农资和农产品生产企业信用信息系统，对失信市场主体开展联合惩戒。

五、培育提升农业品牌

实施农业品牌提升行动，加快形成以区域公用品牌、企业品牌、大宗农产品品牌、特色农产品品牌为核心的农业品牌格局。推进区域农产品公共品牌建设，擦亮老品牌，塑强新品牌，引入现代要素改造提升传统名优品牌，努力打造一批国际知名的农业品牌和国际品牌展会。做好品牌宣传推介，借助农产品博览会、展销会等渠道，充分利用电商、“互联网+”等新兴手段，加强品牌市场营销。加强农产品商标及地理标志商标的注册和保护，构建我国农产品品牌保护体系，打击各种冒用、滥用公用品牌行为，建立区域公用品牌的授权使用机制以及品牌危机预警、风险规避和紧急事件应对机制。

六、构建农业对外开放新格局

建立健全农产品贸易政策体系。实施特色优势农产品出口提升行动，扩大高附加值农产品出口。积极参与全球粮农治理。加强与“一带一路”沿线国家合作，积极支持有条件的农业企业走出去。建立农业对外合作公共信息服务平台和信用评价体系。放宽农业外资准入，促进引资引技引智相结合。

第三节　建立现代农业经营体系

一、巩固和完善农村基本经营制度

实行以家庭承包经营为基础、统分结合的双层经营体制，是以公有制为基础、多种所有制共同发展的中国特色社会主义基本经济制度的客观要求，是由农业生产的特点和生产力水平决定的，也是世界各国农业发展的共同经验，更是我国农业发展正反两方面实践得出的基本结论。

（一）实行以家庭承包为基础的土地承包制

在人民公社体制下，农民没有生产经营自主权，农民的劳动付出与其在土地上的产出无法直接挂钩而导致“大锅饭”、内部监督费用高的问题，阻碍了农业生产力的发展。在各地普遍实行包产到户、包干到户的基础上，1983 年中央一号文件《当前农村经济政策的若干问题》提出，要对人民公社体制进行改革：一是实行生产责任制，特别是联产承包责任制；二是实行政社分设。至此，人民公社体制解体，取而代之的是以土地承包经营为核心的家庭联产承包经营责任制。

第一轮土地承包期限为 15 年。家庭承包制是广大农民群众的实践创造，刚开始由于没有统一规定承包期，期限一般为 2~3 年。因承包期短，农民对承包的土地缺乏稳定感，不敢对土地进行持续投入，出现了对土地的掠夺性经营。为了解决这一问题，1984 年中央一号文件指出，土地承包期一般应在 15 年以上。在延长承包期前，群众有要求调整的，可以本着“大稳定、小调整”的原则，经过充分协商，由集体统一调整。1990 年 12 月，在《中共中央、国务院关于 1991 年农业和农村工作的通知》中指出：“只要承包办法基本合理，群众基本满意，就不要变动。”

第二轮土地承包期再延长 30 年。1993 年 11 月，在《中共中央、国务院关于当前农业和农村经济发展的若干政策措施》中指出，在原定的承包期到期后，再延长 30 年不变。提倡在承包期内实行“增人不增地，减人不减地”的办法。1997 年，在《中共中央办公厅、国务院办公厅关于进一步稳定和完善农村土地承包关系的通知》中指出，土地承包期再延长 30 年，是在第一轮土地承包的基础上进行的。开展延长土地承包期工作，要使绝大多数农户原有的承包土地继续保持稳定。不能将原来的承包地打乱重新发包，更不能随意打破原生产队土地所有权的界限，在全村范围内平均承包。要及时向农户颁发由县或县级以上人民政府统一印制的土地承包经营权证书。1998 年 10 月党的十五届三中全会将家庭联产承包经营改为家庭承包经营，取消了“联产”两个字，并指出，家庭承包制是农业生产特点决定的，不仅适应目前的生产力发展水平，农村生产力发展水平提高以后也适应。

2002 年 8 月，全国人大常委会颁布了《中华人民共和国农村土地承包法》（以下简称《农村土地承包法》），至此，我国集体所有制前提下的家庭承包制制度完全确立，并成为农村的基本经营制度、党的农村政策的基石。随后，全国各地根据《农村土地承包法》的规定，对一些不符合法律规定的做法进行了完善。

党的十九大提出，第二轮土地承包到期后再延长 30 年。这是保持土地承包关系长久不变的重大举措，顺应了亿万农民保留土地承包权、流转土地经营权的期待，给农民吃下了长效的“定心丸”，进一步夯实了实施乡村振兴战略的制度基础。

（二）土地承包方式及其保护

《农村土地承包法》规定，农村集体土地承包的当事人、合同期限、权利和义务都由国家法律规定。承包方式主要有家庭承包和其他方式承包两种。家庭承包方式主要针对耕地、草地和山林，发包方是村集体经济组织（一些集体经济组织建设不健全的地方由村民委员会代行发包方职责），坚持以家庭为单元、户户平等承包的原则。承包方限于本集体经济组织内的农户，其他集体经济组织的农户或人员不得承包。每一个农户根据家庭人口、劳动力数量、土地级差等情况承包数量、地块不一的土地。第一轮的承包期限为15年，第二轮的承包期限，耕地为30年，草地为30~50年，林地为30~70年。

其他承包方式主要针对村内除耕地、林地、草地外的其他面积不大的土地，如果园、茶园、鱼塘或者荒山、荒地、荒滩、荒溪等，实践中也叫专业承包。其他承包方式坚持效率优先、兼顾公平的原则，一般采用招标、拍卖、公开协商来确定承包对象，一般谁出的承包费多就由谁来承包。承包对象不一定局限于本集体经济组织内的人，但在同等条件下，本集体经济组织内的人优先承包。承包期可长可短，比较灵活。

土地承包经营权的保护。国家法律和政策对农民的土地承包经营权实行严格保护。一是坚持农村土地的集体所有制不动摇。习近平总书记多次强调，不管怎么改，都不能把农村土地集体所有制改垮了。不得否定农村土地集体所有制，不得平调不同集体所有的土地实行平均承包，不得买卖农村集体土地。二是在承包期内，发包方不得收回农民的承包地、不得调整农民的承包地、不得因承办人或负责人变动或集体经济组织分立合并而变更或解除承包合同。三是采取不同方式解决土地承包纠纷。可以由双方当事人协商解决，可以请求村委会、乡镇政府调解，可以向法院直接起诉，可以向市、县（市、区）土地承包仲裁机构申请仲裁。

（三）推进“三权”分置改革

土地所有权、承包权、经营权“三权”分置是重大制度创新和理论创新，要在依法保护集体土地所有权和农户承包权前提下，平等保护土地经营权，理顺“三权”关系。

完善承包地“三权”分置制度。农村集体土地权益是个“集合”，基本权利就是所有权、承包权、经营权，所有权是物权，承包权是用益物权，经营权是债权。这“三权”既可合而为一，也可分而实施。推进“三权”分置就是要明晰所有权、稳定承包权、搞活经营权，目的是让农民的土地权益保护更加充分，土地使用更加高效。实行家庭承包制实现了土地所有权和承包经营权的分离，但承包经营权并没有进一步实现分离。完善承包地“三权”分置，明晰所有权是前提，要对不同的集体土地颁发农村集体土地所有权证，规定征收农村集体所有土地的条件、程序及补偿办法和标准。稳定承包权是关键，拥有土地承包权是农民家庭的“天然”权利，土地对农民而言既是生产资料又是生活资料，拥有了承包权，进一步可进城经商务工，退一步可生产生活，对农村的稳定和乡村振兴具有特别重要的意义，不能以各种理由剥夺农民的土地承包权。搞活经营权是目的，让土地经营权在市场配置下与其他要素结合发挥更好的效益。

开展土地确权登记颁证。历经二轮土地承包后，虽然家庭承包制在农村得到普遍推行，广大农民也都领到了土地承包经营权证，但由于家庭承包制是在缴纳农业税、联系土地产量等情况下推行的，实际上存在承包地四至不清、承包面积不准、承包权证登记的面积与实际面积不符等情况。开展确权登记颁证的重点就是要解决这些问题，并且为二轮承包到期后再延长 30 年打下坚实基础。首先要由专业人员利用 GPS 等定位仪器精准确定承包地的四至位置和面积。其次是与农户确定实际面积，得到农户的普遍认可。最后是重新换发新的土地承包经营权证，并对权证实行信息化管理，将此作为保护农民土地承包权的依据，进一步提高土地承包管理的水平。

搞活土地经营权权能。对家庭承包方式的承包土地，重点是实行土地承包权与经营权的再分离，获得土地经营权的“债权”权利。获得经营权的个人与组织可以向有关部门申请并进行登记，后由有关部门颁发土地经营权证。通过其他承包方式获得的土地经营权则可直接向有关部门申请登记获得土地经营权证。当前重点是要抓紧制定土地经营权登记、抵押贷款的相关制度。

二、壮大新型农业经营主体

实施乡村振兴战略必须构建农业经营体系，发展多种形式的适度规模经营，培育新型农业经营主体。新型农业经营主体是相对于承包农户而言的，其实质是实行农业的适度规模经营，是完善农村基本经营制度的重要途径。

（一）新型农业经营主体的主要形式

劳力、土地、资金、技术是经济活动的“四要素”，各要素虽都能反映生产规模水平，但唯有组织制度才能将这“四要素”按数量和结构有机组合起来，从而形成现实生产力。培育新型农业经营主体就是将各种经济组织制度引入农业各产业和农业生产经营各环节中来。当前的新型农业经营主体主要包括专业大户、家庭农场、农民专业合作社、农业公司。

专业大户。其表现为经营规模大，专业从事某一种农产品的生产或经营，投入和生产以家庭人员为主，主要通过土地流转形成，无须工商注册。专业大户是最早的新型农业经营主体，随着土地流转开始而产生，对粮食增产、农业增效、农民增收做出了极大的贡献。从20世纪末至21世纪初最为普遍，目前仍是最主要的新型农业经营主体之一。

家庭农场。党的十七届三中全会首次提出家庭农场这一组织形式，近年来越来越受到重视，数量也不断扩大。对什么是“家庭农场”，目前尚没有统一的提法，一般将具有一定经营规模，主要靠家庭人员生产经营，农业收入在家庭收入中占主要比例的农户称为家庭农场。实际上，家庭农场是对一类具有某些共同特征的组织的“俗称”，并不是一种独立的农业组织制度。从内涵上看，家庭农场具有以下特点：一是出资者和经营者特别是出资者主要是家庭成员。这是核心内涵。至于家庭成员的范围，可以是直系三代，也可以适当放宽到旁系。至于规模有多大，可从实际出发，一家人承包两三亩土地，成立家庭农场也可以。二是一定要经过工商注册。这是它与专业大户的根本区别。没有工商注册，只能算是专业大户或承包农户，只有进行了工商注册，才有可能成为家庭农场。三是主要从事农业生产经营。包括从事种植业、养殖业或农牧结合的多种经营。从外延上看，家庭农场可以按多种组织制度进行工商注册。以浙江省为例，一般可以用4种形式进行注册：以个体户形式登记，领取营业执照，这种形式简单方便；以个人独资企业登记，领取企业营业执照；以普通合伙制企业登记，领取企业营业执照；以公司制企业登记，领取法人营业执照。家庭农场可以是负无限责任的个私企业或合伙制企业，也可以是公司制的法人组织。

农民专业合作社。合作社是一种古老的组织制度，甚至比股份制公司的出现还要早，其基本特征是“共同拥有、共同管理、共同享用”，是世界各国农业发展普遍采用的一种生产经营组织制度，在很长一段时间内几乎是我国农业唯一的生产经营组织。农民专业合作社是农业专业化生产、社会化服务的产物，10多年来在农业生产经营和服务中大放异彩。浙江省是农民专业合作社的发源地，全国最早的经工商登记的农民专业合作社、最早的农民专业合作社地方性法规都产生于浙江。根据有关规定，成立专业合作社的条件很简单，只要5个人以上的出资人共同发起，制定一个章程（农业行政管理部门有示范章程），就可到工商局免费进行登记。专业合作社的根本特征是“统分结合、双层经营”，类型大致有3种：一是全体社员统一生产经营，社员之间共同生产、共同服务，类似于过去的生产队（但生产队存在加入不自愿、退出不自由的缺陷）；二是社员分头生产专业合作社全程服务，从产前购买农业生产资料，到产中技术服务，再到最后的统一品牌销售，都由专业合作社统一服务；三是在社员分头生产各自服务的基础上，专业合作社在某一环节实行统一服务，如统一购买生产资料，可以发挥“团购”作用，降低采购价格，又如统一销售农产品，可以发挥“团销”作用，促进农产品销售。办好专业合作社，应当具备以下要素：“一村一品”，即一个地方的主导产业或主导产品突出，这是兴办专业合作社的产业基础；“一品一社”，即围绕主导产业或主导产品来兴办专业合作社，这是提高农业组织化程度的表现；“一社一牵头人”，即专业合作社需要能人牵头，凡是发挥作用比较好的专业合作社，都是既有驾驭市场的能力，又有带领大家共同致富的意愿的“能人”在起作用；“一社一套服务设施”，专业合作社主要是为社员服务的，必须有比较强的服务设施；“一社五化”，即组织开展运行规范化、生产标准化、经营品牌化、社员技能化、产品安全化等各项活动，努力规范好社员的生产经营行为，按照标准组织生产、申请或转让品牌销售农产品，加强对社员的技能培训，切实保障农产品的质量安全。

农业公司。其代表性组织制度是责任有限公司，基本特点是出资者和从业者不同，出资者是老板，拿的是利润；从业者是工人，领的是工资。出资者中，谁出资多，谁就是董事长。赚来的钱，按出资份额进行分配。因此，公司具有产权清晰、运转高效的优点，是现代企业制度的代表。成立农业公司是有志于农业发展的个人或组织常用的一种组织制度，也是农业领域大众创业、万众创新普遍采用的一种办法，更是工商资本投资农业采取的主要形式。在实践中要把握好以下几点：一是鼓励。农业是弱质产业，各级政府和有关部门都要鼓励各种社会资本投资农业，切实增强农产品的供给能力。二是引导。引导公司特别是工商资本向种业、技术服务业、农产品加工流通业等领域投资，成为各类农业龙头企业，提高带动小农户的能力。三是支持。政府和有关部门对各类农业公司的生产经营要一视同仁，使其在财政、税收上和其他农业组织享受同等待遇。四是管理。加强对农业公司的监督，促进其依法经营，切实禁止“非农化”，防止“非粮化”。

新型农业经营主体除了以上4种形态外，还有民办非企业单位，如民办的农业研究所、民办的农业培训中心，以及民间组织，如农产品行业（产业）协会、学会、研究会等。这些经营主体都从不同的角度投入农业生产经营或为农业提供各种服务。当然，国有和集体农场也是农业生产经营主体，但目前数量有限，并且土地基本上都实行承包制或租赁制，农场已退出农业的直接经营。

（二）合理选择农业生产经营组织形式

承包农户和专业大户、家庭农场、专业合作社、农业公司组成的“一基础四骨干”，是构成农业经营体系的主要力量，除承包农户外，专业大户、家庭农场、专业合作社、农业公司是新型农业生产经营主体的主要形式。在实践中，采用何种组织形式也有讲究，衡量的标准是哪种组织形式最有利于节省成本、提高效益，这又与不同的农业产业特点、不同的生产规模、不同的经营者管理水平紧密相关。

专业大户和家庭农场相比较。专业大户形式最简单，不用配会计、出纳，最多记个流水账，产品自产自销也都免税，但只能享受政府的普惠制政策，如粮食直补，而对于一些需实行申报制的支农项目则无能为力，在品牌化经营上也是如此。而家庭农场首先要注册登记，还要不定期接受工商部门、税务部门的检查。但家庭农场可以在银行开户，可以有更好的信用跟其他组织签订产销合同，还可以申请有关部门给予项目支持。因此，专业大户是基础，只要有志于扩大农业生产规模的农户都可以采用，而家庭农场是专业大户的高级形式。培育的家庭农场要优先从专业大户中选择，当前应积极鼓励“户改场”，鼓励专业大户经工商登记改造成为家庭农场。

专业合作社与农业公司相比较。组织制度各有优势，从一般经济活动来看，公司制要优于合作制，虽然合作制的产生要早于公司制，但后来被公司制“打败”了。合作制在世界范围内辉煌了一段时期后，领域不断缩小，数量不断下降，最主要原因是经营机制不佳。合作制讲究的是公平，公司制追求的是效率，而对于经济组织来说，效率才是第一位。从农业生产经营来看，公司制并不优于合作制，这主要由农业生产特点决定。农业是自然再生产和经济再生产的统一，经济再生产是共性，自然再生产是个性。农业生产季节性强、生产周期长，不用像工业企业一样必须造一批固定的厂房、吸收一批固定的工人，农忙时大家出力，农闲时只要一个或几个人管理就可以。合作制虽然已退出大部分领域，但在农业领域是一枝独秀，成为世界各国发展农业普遍采用的组织制度。具体来说，劳动密集型、土地密集型农产品的生产，一般选择合作制；技术密集型、资金密集型农产品的生产，一般选择公司制。如对于畜牧业中的家禽生产，合作制要好于公司制，而生猪生产，则用公司制好；鲜活农产品的生产，一般选择合作制，而加工型农产品的生产，一般选择公司制；还有提供农业生产性服务的，选择合作制，而提供营销、物资供应服务的，选择公司制。特别是农业服务业，合作制明显具有优势，在某种程度上说，专业合作社不是一种生产组织，而是一种服务组织。产业扶贫是实行精准脱贫的主要途径，应当大力采用专业合作社的组织形式，通过能人带动和提供服务，促进那些缺资金、缺技术、缺销路的贫困户发展生产，增加收益，尽早脱贫。

但各种组织制度并不是对立的，实践中更多的是多种组织制度交织在一起，对于生产者来说，可以采用多种组织制度。如家禽业产业化经营过程中，在种禽环节用家庭农场形式比较好，在养殖环节选用专业合作社，而在屠宰（加工）环节则用公司制。又如在茶叶生产加工中，在茶园管理和青叶采摘中，选用合作制为好，而在茶叶加工中，则必须采用公司制。不同的组织制度可以在不同的环节起到节约成本、提高经济效益的作用，而某一位能人可以成为其中的家庭农场场长、专业合作社社长和公司董事长。

一个农业生产者也并不是只参加一种组织。农业公司与其他公司之间完全可以共同出资成立新的公司，专业合作社也可以与其他组织共同出资成立新的经济组织。一个水果专业合作社要搞农产品加工，当然自己可以办，但最好还是与其他企业，如某一个水果加工企业共同出资成立新的水果加工公司，既可以节省投资，还可借用别人的技术力量。当然，到底是行使控股还是参股的职权，就要看各自在总出资额中的比重了。

在各种组织制度中，农民专业合作社具有特殊的“魅力”。这种组织既可以是农户与农户的联合，也可以是公司与公司的联合，更可以是专业合作社与专业合作社的联合。实际上，专业合作社与农业生产力发展水平高低没有关系，前者是由农业生产特点决定的，这与家庭承包经营跟农业生产力发展水平没有关系是同一个道理。从最早出台农民专业合作社地方性法规的浙江省来看，“农业因合作社而美丽”已被实践证明。当前应重点打好专业合作社能力建设“组合拳”：通过资产重组打造大社强社或成立专业合作社联合社，通过设施建设增强服务能力，通过规模扩大提高盈利水平，通过应用先进技术提高生产水平，通过延长产业链形成新的经济增长点，通过引进人才促进管理上水平，通过创新经营机制提高效率。专业合作社必将因提升壮大而更加灿烂。

（三）加大农业经营主体培育力度

鼓励大学毕业生从事现代农业创业，举办大学生农业创业专场招聘会。浙江省在 2009 年就出台政策：到农民专业合作社就业或自主在农业领域创业的全日制大专以上院校毕业的大学生，可以享受大学毕业生创业的政策，此外，省政府连续三年每年给予 5 000～10 000 元不等的补助。目前，全省已有数千名院校毕业生进入农业领域，其中相当数量的人成为“农创客”或接过父辈的“衣钵”成为“农二代”。对已在农业领域的年轻人，实行统一考试、单独录取、函授教育，所需经费由政府开支，旨在将其培养成现代农业领军人才。继续办好农民大学、农民学院，改革职业农民培养方式，将职业农民分为农业经营者和实用技能人才，更好地提高培训的效果。

三、发展新型农村集体经济

发展村级集体经济是完善农村基本经营制度的重要措施，没有村级集体经济，不仅难以增强乡村服务能力，更难以提高村级组织的战斗力、凝聚力。

（一）建立农村集体经济组织

我国的农村集体所有制始于 20 世纪 50 年代的农村合作化时期，《宪法》和相关法律都明确规定农村集体土地等属于农村集体经济组织成员所有。可现实中农村集体经济组织基本上是“实存名亡”，由于长期处于“半开放”状态，集体经济组织成员的界限更难以划清。这在一定程度上影响了村级集体经济发展，也是导致农村不稳定的重要原因。浙江省是全国最早制定农村集体经济组织地方性法规的省份，2007 年浙江省人大常委会对 1992 年制定的《浙江省村经济合作社组织条例》进行了全面修订，将农村集体经济组织统一名称为“村经济合作社”，并规定村经济合作社代表全体成员行使农村集体资产所有者职能，村经济合作社由县级人民政府发放“农村集体经济组织证明书”。正确区分以户口为依据的“村民”和以与集体资产相关联为依据的“社员”的界限，户口在村的原生产大队成员、新出生的小孩、婚迁人员、政策性移民、合法收养的人都是村经济合作社的社员，因服役、读书等而迁出户口的人可临时保留社员资格，除此以外的其他人员是否享受社员资格，由村经济合作社社员（代表）大会确定。村经济合作社与村党组织、村民委员会、村务监督管理委员会同步换届选举，村党组织书记依法选举担任村经济合作社社长。农村集体经济组织得到了全面建立，村级集体发展及其管理有了真正的主体。

（二）扶持村级集体经济发展

切实解放思想，进一步拓宽村级集体经济发展的思路和途径，把村级集体经济发展放到更广阔的空间上来谋划。一要将优质资源向发展村级集体经济倾斜。出台村级留用地政策，凡国家征收的农村集体土地应按一定比例作为村级留用地，用于建设标准厂房、写字楼、批发市场等项目来发展村级集体经济。二要坚持抱团发展，特别是政府要加强协调和统筹，促进一些薄弱村联合抱团，通过共同建设物业，保证村级每年有稳定的经济收入。三要将农业产业发展项目与发展村级集体经济挂钩，支持村经济合作社申报鱼塘改造、农业基地建设、产业结构调整、设施大棚建设、农业服务中心建设等项目，以增加租金等相应收入。

（三）加强农村集体资产管理

坚持政府监督和民主监督相结合的原则，以村级集体资产保值增值为目标，以改革为手段，加强农村集体资产、资源、资金管理。一是切实维护农村集体经济组织和成员的权益，将村级负担纳入农民负担的监督管理范围，严格规定任何单位、任何组织不得向村级摊派、捐助、赞助，村级集体经济组织也不得为任何单位进行担保。二是严格落实村级零招待（特别是行政接待零招待）、村级报刊订阅限额制度，制订村干部补助、出差住勤、会议开支、村民误工补贴等非生产性开支的范围与标准。三是完善村级会计委托代理制，严格执行村务监督委员会民主监督制度，全面实行村级财务公开，落实村级项目招投标制度，加强对村级收支的审计监督。四是推进农村集体经济组织股份合作制改革，加强清产核资，通过民主程序科学设定每个成员的股权，由村集体经济组织发放股权证，作为享受村级集体资产经营收益分配的依据。五是完善内部治理机制，将农村集体经济组织的名称变更为村股份经济合作社，选举产生村股份经济合作社董事会、监事会，向全体成员大会或成员代表会议负责。

（四）消除集体经济薄弱村

如村级集体经济年收入不到 10 万元，往往难以保证村级组织正常运转和对农业生产、农民生活的基本服务。发展村级集体经济，除对富裕村抓好管理外，重中之重是抓好年收入 10 万元以下的薄弱村的发展，千方百计消除集体经济薄弱村。一要坚持党政主导、因地制宜，像抓精准扶贫一样抓消除集体经济薄弱村工作，层层建立责任制，形成相关部门各司其职、合力攻坚的工作机制。二要加大政策倾斜和投入支持力度，最大限度地推动人才、资金、土地等要素向薄弱村集聚，整合社会各方面力量为发展集体经济铺路助力。三要大力选拔过得硬、敢担当、能带富、会服务、善治理的人员担任村党组织书记，提升村干部的发展意识和致富本领。四要鼓励企业与薄弱村结对帮扶，逐村落实“一名第一书记、一个帮扶团队、一套帮扶方案”，开展结对攻坚，薄弱村未摘帽、帮扶不脱钩。五要根据各村不同的经济基础、区位特征、资源禀赋，“一村一策”增强薄弱村造血功能，不断拓宽村级集体经济发展路子。六要加大对村级组织的转移支付力度，逐步扩大对村干部的补助范围，提高公益林、基本农田的保护经费标准，增加对农村环境保护、道路维护、垃圾分类等的经费支持。有条件的地方，可以由各级政府直接对村级组织进行一定数量的基本运转经费转移支付，保证村级组织有一定数量的固定可支配收入。

四、促进小农户生产和现代农业发展衔接

（一）小农户的概念及提出

1. 小农户的概念

小农户是对经营规模的描述。概括来说，小农户是指因人多地少等禀赋而产生的以家庭为单位、集生产与消费于一体的农业微观主体。具体来说，小农户是指农民个体经营，生产资料归个人所有，以个人劳动为基础，农民的劳动所得归他自己所有的一种经营形式。在不同语境下，“小农户”也可用“小规模农户”“小规模农民”“小规模农业生产”或“小规模农场”等来表示，不同概念表述均可抽象出家庭经营的基础属性。

2. 小农户的特征

我国现阶段的小农户不同于小农经济。小农经济作为一种生产方式，不仅具有规模小的形式特征，更为重要的是它具有传统农业的特征。这种特征至少反映在以下 4 个方面：①小农经济以人畜力为生产手段，完全以农民世代使用的生产要素为基础从事

农业生产。不仅劳动生产率低，而且土地生产率也很低，土地产出长期保持在一个较低的水平上。②小农经济是一个封闭的生产系统，所使用的生产要素，除了像犁铧、镐、锄、镰等金属工具需要从市场上购买，其余大量使用的生产资料，包括种子、肥料甚至畜力几乎都是自给。③小农经济是一个自给自足或半自给自足的经济，产品剩余很少，以满足自己消费为主。生活中的绝大部分消费品，从主食到副食、从衣服到鞋帽，都由家庭内部生产。因此，传统农业下的小农户需要面对的市场风险很小，主要是自然风险，小农户的破产更多是由天灾人祸所致。在没有现代农业科学技术和农业基础设施的条件下，自然灾害对农户生计的冲击可能是致命的。在严重灾害发生的年景下小农户面临着破产的风险。④小农经济由于缺乏市场交换活动，生产者之间很少有以商品交易为纽带的经济交往。人们的社会活动半径极小，缺乏社会流动性，人们之间的交往主要表现为以血缘关系为基础的亲属之间交往和邻里之间的交往。

与传统农业的小农经济不同，现阶段我国的小农户在诸多方面都发生了质的变化。

（1）现阶段小农户的生产经营活动基于现代农业科学技术和工业装备应用的基础之上，除极个别地方外，典型的手工劳动基本退出农业生产，畜力农具也很少使用，农业基本走出了依靠世代经验积累种田的阶段。土地生产率与20世纪50年代相比，提高了近3倍。

（2）小农户是一个开放的生产系统，无论使用的生产资料还是生产出的产品，均高度依赖外部市场。现代科学技术的提升和现代工业的发展，为农业提供了良种、化肥、农药、农膜和其他生产资料，这些生产资料的使用是他们获取较高的土地生产率和劳动生产率的必备条件。这些生产资料都要从市场上购买，除种子来自农业领域之外，大量使用的化肥、农药、机械等来自工业。尽管小农户的规模较小，但主要生产一种或两种产品，生产不是为满足自身消费，而是为了换取货币收入。因此，现阶段小农户的生产体现为商品化、专业化的特征，从属于商品经济范畴。

（3）现阶段小农户家庭收入结构发生了巨大变化，家庭经营收入（或说农业生产收入）占家庭全部收入的比重显著下降。在农地资源禀赋较差且二三产业发达的地区，家庭经营收入在家庭人均可支配收入中所占比重已经下降到25%以下，而工资性收入已经占到了60%以上。即使在东北这样资源禀赋相对优越的主要农区，家庭经营收入比重也下降到了70%以下。由于这样的收入结构，以及农户土地的集体所有性质，使农户并不存在或很少存在家庭经营破产的风险。变化的趋势显示，小农户对农业的依赖程度越来越低。

（4）农户生产经营结构发生了根本性的变化。越来越多的农户生产经营项目在减少，以满足家庭消费为目标的小而全的家庭经营结构在较大程度上已经消失。除自给性较强的蔬菜生产外，其他满足日常消费的产品，农户大部分从市场购入，专业化、商品化生产程度显著提高。由此也使农户与外部的联系越来越多，封闭半封闭的家庭消费方式已经完全打破。

（5）农户的社会交往方式发生了改变，家庭外部经营组织开始出现，如各类专业合作社、农民技术协会。农户与外部经营组织的合作日益频繁，包括农业产业化经营、各种订单农业等。

由此可见，尽管我国现阶段农户土地平均经营规模比历史上任何时期都小，特别是农地资源禀赋较差的地区土地经营规模更小，但从本质上看，已经脱离了传统农业小农经济的特征。

3. 小农户的提出

在国家层面的政策文件中，首次提到“小农户”是在2018年中央一号文件《中共中央　国务院关于实施乡村振兴战略的意见》中。它以整段文字对小农户与现代农业发展的有机衔接进行了阐述。

促进小农户和现代农业发展有机衔接。统筹兼顾培育新型农业经营主体和扶持小农户，采取有针对性的措施，把小农生产引入现代农业发展轨道。培育各类专业化市场化服务组织，推进农业生产全程社会化服务，帮助小农户节本增效。发展多样化的联合与合作，提升小农户组织化程度。注重发挥新型农业经营主体带动作用，打造区域公用品牌，开展农超对接、农社对接，帮助小农户对接市场。扶持小农户发展生态农业、设施农业、体验农业、定制农业，提高产品档次和附加值，拓展增收空间。改善小农户生产设施条件，提升小农户抗风险能力。研究制定扶持小农生产的政策意见。

2019年中央一号文件中，首次提出要落实扶持小农户和现代农业发展有机衔接的政策，完善“农户+合作社”“农户+公司”利益联结机制。

2019年2月中共中央办公厅、国务院办公厅印发的《关于促进小农户和现代农业发展有机衔接的意见》中指出，发展多种形式适度规模经营，培育新型农业经营主体，是增加农民收入、提高农业竞争力的有效途径，是建设现代农业的前进方向和必由之路。但也要看到，我国人多地少，各地农业资源禀赋条件差异很大，很多丘陵山区地块零散，不是短时间内能全面实行规模化经营，也不是所有地方都能实现集中连片规模经营。当前和今后很长一个时期，小农户家庭经营将是我国农业的主要经营方式。因此，必须正确处理好发展适度规模经营和扶持小农户的关系。

既要把准发展适度规模经营是农业现代化必由之路的前进方向，发挥其在现代农业建设中的引领作用，也要认清小农户家庭经营很长一段时间内是我国农业基本经营形态的国情农情，在鼓励发展多种形式适度规模经营的同时，完善针对小农户的扶持政策，加强面向小农户的社会化服务，把小农户引入现代农业发展轨道。

（二）小农户融入现代农业发展的模式

尽管目前小农户是我国农业最主要的生产经营形式，但农业现代化、机械化仍旧是大的趋势。如果小农户不融入现代农业发展，乡村振兴目标就难以如期实现。因此，小农户必须转变落后思想观念，创新发展模式。

1. 托管服务模式

托管服务模式坚持“政府引导、部门支持、市场运作、农民自愿、企业自主”的原则，成立托管服务中心。这种模式下，土地耕地性质不变，土地的收益全部归农户。如果小农户的产品需要出售，有的合作社还会高于市场价予以回购，最大程度地保障小农户利益。同时，合作社还会与小农户签订托管服务合同，明确双方权利义务，并严格按照合同约定履行服务承诺。农民自愿选择合作社的服务，并根据实际服务情况，与合作社结算费用。

2. “合作社+农户”服务模式

“合作社+农户”服务模式主导是合作社，此模式特别适合产业单一的合作社，帮助合作社技术和品种引进或推广。通过“合作社+农户”的模式可以提高农户参与的积极性，并且帮助合作社做强做大。当小农户们聚在一起组建合作社，就形成拳头力量，规模面对市场，产品化销售农产品，规模化采购农资。

3. “企业+农户”服务模式

随着经济发展和科技进步，小农户经营规模进一步提高，

“企业 +农户”逐渐成为农业产业化经营的一个重要组织形式。“企业 +农户”服务模式通常由企业提供产前、产中、产后全过程服务，以外部组织的规模收益，相对有效地克服了小农经营规模不经济的弊端，实现了龙头企业与农户间更紧密的联结机制，创新了现代农业经营方式。

4. “协会+农户”服务模式

“协会+农户”服务模式通常由生产企业牵头，为成员提供生产全过程技术服务。如今这种模式已经成为许多小农户脱贫致富的新法子。

5. 产学研服务模式

“产学研合作”一般是指高校、科研机构与产业界的合作。在农业方面，这种模式有科研院所为后盾，为农户提供先进的养殖技术、优良的品种、科学的管理方式，具有旺盛的发展潜能。

（三）小农户和现代农业发展衔接的路径

在新时代实施乡村振兴战略背景下，充分发挥小农户的积极作用，实现小农户和现代农业发展的有机衔接，关键是要做好以下 5 个方面的路径工作。

1. 以现代科技和装备为支撑

农业产业兴旺关键在科技进步和创新。要立足我国国情，遵循农业科技规律，加快创新步伐，努力抢占世界农业科技竞争制高点，牢牢掌握我国农业科技发展主动权，为我国由农业大国走向农业强国提供坚实科技支撑。

一是发展现代生产技术。适应农业转方式调结构新要求，调整农业科技创新方向和重点，选择适合我国实际的技术创新路线，在现代育种、农业信息、农产品精深加工、资源节约、农产品质量安全等领域进行重点突破，从而实现提高产量、提升质量、降低成本、保证安全的效果。

二是发展农业物质装备。不断改善和提升农业装备水平，尤其是机械化水平，加快农机结构的优化配置，提高农业机械的科技含量，大力推进主要农作物生产机械化，提高土地产出率、资源利用率和劳动生产率。同时，积极利用现代物质装备改善小农户储藏条件，降低因缺乏现代化设施所导致的在流通领域中的大量损失，提高农户的收入。

2. 形成多种形式适度规模经营

当前和今后一个长时期内，小农户家庭经营仍将是我国农业的主要经营方式，但组织小农户形成多种形式适度规模经营，发展社会化大生产是现代农业的必然选择。培育发展家庭农场、农民合作社、各种类型的产业化经营组织以及多元化的农业生产性服务组织，其主要功能之一，就是组织带动众多小农户参与到现代农业发展的进程中。因此，一方面要鼓励引导小农户合作和联合，通过组建家庭农场联盟、农民合作社，鼓励农业产业化龙头企业和工商资本，特别是多种多样的农业生产性服务组织，带动小农户“生产得出来”“卖得出去”“卖得出好价钱”，解决小农户一家一户干不了、干不好的事情，提高现代农业的组织化程度。另一方面以家庭农场、农民合作社为骨干，密切其与小农户的多方面联系，形成命运共同体，要特别重视家庭农场、农民合作社在组织农民、降低生产成本、增加经营效益方面的功能作用，大力扶持家庭农场发展，提升规范农民合作社，建立健全支持家庭农场、农民合作社发展的体制机制、政策体系和管理制度，完善“农户+农民合作社”“公司+农户”利益联结机制，落实相关政策，让小农户有充分的发展空间和获利空间。

3. 以发挥小农户主体作用为导向

我国农业发展、农村繁荣、农民富裕的关键在“人”，应充分发挥亿万农民主体作用和首创精神。

一是提升农民的身份认同。提高农民思想道德和科学文化素质，培育与社会主义核心价值观相契合、与社会主义新农村建设相适应的优良家风、文明乡风和新乡贤文化，充分挖掘具有农耕特点、民族特色、乡土特质的物质文化和非物质文化遗产，促进农民主体意识的觉醒、自我认同的建立。

二是加快培育新型职业农民。大力发展农村基础教育和职业教育，对农民开展各种形式的职业技能和知识的培训，培养和强化农民职业理想和信念，提高其生产经营能力、农业生产效率和增收能力，增强农民的自我积累和内生发展能力，培养一大批把农民作为一个职业象征的具有较强市场意识、懂经营、会管理、有技术的农村发展带头人、农村技能服务型人才、农村生产经营型人才等农村实用人才，从而吸引更多的人成长为新型职业农民。

4. 以构建新型农业社会化服务体系为依托

全球经验反复证明，小农户在保障粮食安全、提供就业、实现农业可持续发展方面有着不可替代的多元功能和积极作用。因此，一方面大力发展农业生产性服务业，培育壮大适应小农户需求的多元化多层次农业生产性服务组织。在重要农业生产经营作业方面，提供全程或专项服务，托管、半托管小农户生产经营相关事务，促进针对小农户的专项服务和综合服务相互补充，协调发展。解决千家万户小农户生产经营过程中的难题，以及农业生产关键环节“最后一公里”问题，要将生产性服务业作为战略性产业来抓，在减少农业生产直接从业人员的同时，不断拓展农业生产性服务业内涵外延，将单纯的农业生产性服务业拓展到包括乡村各类产业的乡村服务性产业，增加小农户在农业内部的就业机会。另一方面强化政府行为在农业产前市场信息提供、土地经营权流转、信贷保险支撑，生产过程中的产业链延伸、供给链保障、价值链提升、利益链完善、生态链拓展，产品品牌塑造以及市场开拓等方面为小农户提供全方位、广覆盖、无遗漏帮助和服务，提升小农户的产业素质和产业竞争力。

5. 以产业融合发展为引擎

推进农村一二三产业融合发展，是拓宽农民增收渠道、构建现代农业产业体系的重要举措，是加快转变农业发展方式、探索中国特色农业现代化道路的必然要求。

一是丰富产业融合的内容。加快农业结构调整，优化农业种养殖结构，大力发展绿色农业；鼓励发展农业生产性服务业和农产品加工业，推进农产品流通体系建设，进一步延伸农业产业链条；推进农业与旅游、教育、文化、健康养老等产业深度融合，拓展农业多种功能。

二是创新产业融合手段。大力发展农业新型业态，实施“互联网+现代农业”行动，推进现代信息技术应用于农业生产、经营、管理和服务。

三是探索农村产业融合的不同模式。因地制宜，鼓励发展农村“一村一品”“一乡一业”“一县一产”，支持小农户发展特色优质个性农产品。根据各地经济社会条件和资源禀赋，创造宽松外部环境，农工、农商、农旅、农文、农城结合，带动小农户发展观光旅游休闲、电子商务、生态环境保护以及农村公共事业项目管护等新产业、新业态。在农业外部，毫不动摇继续推进城镇化，转移农村富余劳动力，特别是鼓励小农户就地就近就业，发展二三产业，实现小农户的多元就业，多元增收。

第四节　强化农业科技支撑

科学技术是第一生产力，创新是引领发展的第一动力。实现乡村振兴必须加强关键技术创新，提升科技对农业质量效益竞争力和农村生态环境改善的支撑水平，推动农业农村发展质量变革、效率变革、动力变革，引领乡村全面振兴和农业农村现代化。

一、提升农业科技创新水平

培育符合现代农业发展要求的创新主体，建立健全各类创新主体协调互动和创新要素高效配置的国家农业科技创新体系。强化农业基础研究，实现前瞻性基础研究和原创性重大成果突破。加快关键核心技术研发。深化农业科技体制改革，改进科研项目评审、人才评价和机构评估工作，建立差别化的评价制度。深入实施现代种业提升工程，开展良种重大科研联合攻关，培育具有国际竞争力的种业龙头企业，推动建设种业科技强国。

（一）完善国家农业科技创新体系建设

培育符合现代农业发展要求的创新主体。进一步明确农业科技创新活动中企业、科研院所、高校、社会组织等各类创新主体的功能定位。培育创新型农业企业，更好地发挥企业作为技术创新决策、研发投入、科研组织和成果转化的主体作用。培育和建设世界一流的农业大学和科研院所，充分发挥高等学校和科研院所作为基础知识创新和科技创新人才培养的主体作用。充分发挥各类社会组织在科技普及、推广服务、教育等方面的作用，促进科技与经济紧密结合。适应农业科技公共性、基础性、社会性的特点，加快构建符合农业科技发展规律、结构完整、创新高效、功能完善、运行顺畅的国家现代农业科技创新体系，形成创新驱动发展的实践载体、制度安排和环境保障。

（二）加强基础前沿技术研究

面向世界科学前沿、国家农业重大需求和未来科技发展趋势，针对事关国计民生和产业核心竞争力的重大战略任务，围绕农作物高效育种、有害生物长效绿色防控、农业资源高效利用、农产品质量安全控制、主要畜禽全基因组选择育种技术、农业合成生物技术、农业大数据整合技术、农业纳米技术、农业人工智能技术、智能装备研制等创新能力带动作用强，研究基础和人才储备较好的战略性、前瞻性重大科学和前沿技术问题，强化以原始创新和系统布局为特点的大科学研究组织模式，部署基础研究重点方向，实现重大科学突破，抢占世界科学发展制高点。

（三）加快关键核心技术研发

大宗农产品方面。重点是按照节本增效、优质安全、绿色发展要求，选育高产高效优质、适宜机械化作业、资源高效利用的动植物水产新品种，研发主要农作物畜禽水产优质高产品种配套栽培养殖技术，研发土壤理化性状调控关键技术，研发农田养分均衡调控技术、水肥一体化技术与关键设备，研发水产高效生态健康生产技术，研发渔业生物资源高值化利用技术，研发高效低毒低残留化学农药、生物农药和先进施药机械化技术，研发动物用抗菌药替代技术和产品以及中兽药制剂和精准用药技术，研发大宗农产品保鲜、储藏和运输工程化技术；开展新型非热加工、绿色节能干燥、高效分离提取、长效减菌包装和清洁生产技术升级与集成应用。

名特优新产品方面。重点是按照改善产品品质、提高效益、保护产地生态的要求，选育风味独特、品质优良、商品性好、适于加工的特色农作物、畜禽、水产新品种，研发配套高效、环保的轻简化栽培技术和设备，开发特色农产品高效干燥、储藏保鲜等初加工工艺和设备，开展传统食品工业化关键技术研究，研发传统加工食品高效加工工艺、储运技术和设备。

（四）激活机制

推进科研机构和科技人员分类评价机制改革，核心是把科技与产业的关联度、科技自身的创新度、科技对产业的贡献度作为评价标准。完善协同创新机制，做强国家农业科技创新联盟，着力解决农业基础性、区域性和行业性重大关键问题。探索科技与人才、金融、资本等要素资源结合新机制，推进建设现代农业产业科技创新中心，打造区域农业经济增长极。

（五）加快种业自主创新

以主要农作物、经济作物、农业动物、林木花草、微生物等面临国际种业竞争压力的主要动植物种业为重点，聚焦种业产业链协同创新发展的瓶颈，发挥企业技术创新主体作用，重点在种质资源收集保存和评价、种子质量安全评价、育种技术创新、品种（系）创制、高效繁殖（育）和质量检测等关键核心技术方面取得突破，推进规模化育种技术集成应用，培育具有自主知识产权的重大新品种，发展绿色种业，构建市场主导、企业主体、科技支撑的产学研一体化种业创新体制，培育具有全球影响力的种业企业，从源头上保障国家食物安全。

二、夯实农业科技创新物质基础

（一）优化布局农业科技创新平台基地

着眼于提高自主创新能力，加强统筹部署、优化布局国家农业科技创新基地与平台，新建一批产业技术创新战略联盟，加快推进国家现代农业产业科技创新中心和区域农业科技创新中心建设；支持农业优势企业建立高水平研发机构，强化企业技术创新主体地位。加强国家农业科技创新基地与平台建设。着眼于提高自主创新能力，加强统筹部署、优化布局，新建一批产业技术创新战略联盟，进一步优化和夯实现有平台基地建设；着眼于提升企业创新主体地位，支持农业高新技术企业建立高水平研发机构；打造现代农业产业科技创新中心。构建“政府引导、市场运作、协同开放、投资多元、成果共享”的政产学研用协同创新综合体，促进科技经济深度融合，支撑和引领产业升级；设立区域农业创新中心（实验站）。围绕关系国计民生的优势主产区大宗农产品，选择优势单位，建设国家大宗农产品产业创新中心，依托优势地区省级专门研究机构，设立综合实验站；围绕事关人类生产生活健康以及制约可持续发展的区域发展问题，建立部省、省级互动的区域农业发展创新中心；完善农业科技资源开放共享与服务平台。充分发挥国家重大科研基础设施、大型科学装置和科研设施、野外科学观测试验台站等重要公共科技资源优势，推动面向科技界开放共享；整合和完善科技资源共享服务平台，形成涵盖科研仪器、科研设施、科学数据、科技文献、实验材料等的科技资源共享服务平台体系。

（二）培育壮大农业科技创新人才队伍

深入实施人才优先发展战略，努力培养造就规模宏大、素质优良、结构合理的农业科技创新人才队伍。在农业优势领域突出培养一批世界一流科学家、科技领军人物，重视培养一批优秀青年科学家，增强科技创新人才后备力量；重点培养一批交叉学科创新团队，促进重大成果产出；支持培养农业科技企业创新领军人才，提升企业发展能力和竞争力。以“三区”人才支持计划科技人员专项计划为抓手，发挥科技特派员作用，加强对贫困地区返乡农民工、大学生村官、乡土人才、科技示范户的培训，培养一批懂技术、会经营、善管理的脱贫致富带头人和新型职业农民。鼓励高等学校、科研院所和省市科技管理部门向贫困地区选派优秀干部和科技人才挂职扶贫，择优接收贫困地区优秀年轻干部到国家部委学习锻炼。

（三）加强农业科技基础性工作

深入开展重点农业科技资源调查，组织开展区域性、全国性科学考察与调查，加强农林动植物及微生物种质资源收集、保存与保护，数据分析与评价，外来生物入侵检测监测与风险控制等，构建农业科技基础数据库、标本库、资源库，建立科技资源信息公开制度，完善科学数据汇交和共享机制。加强农业气候资源开发利用服务平台建设，开展新一轮农业气候规划研究，为农业结构调整、提质增效提供科学依据和气象服务保障。建立统一的国家农业科技管理信息系统，实行农业科技计划全流程痕迹管理。全面实行国家农业科技报告制度，完善信用管理制度，推进国家农业科技创新调查制度建设，建立技术预测长效机制，进一步完善科技统计制度，建立和完善农业科技创新统计、监测、分析、评估、报告系统和制度体系。

三、加快农业科技成果转化应用

鼓励高校、科研院所建立一批专业化的技术转移机构，实现科技成果市场价值。健全省、市、县三级科技成果转化工作网络，支持地方大力发展技术交易市场。加强集成应用和示范推广。健全基层农业技术推广体系，创新公益性农技推广服务方式，加强农业重大技术协同推广。健全农业科技领域分配政策，落实科研成果转化及农业科技创新激励相关政策。

（一）提升成果转化的专业化水平

依托高校、科研院所和骨干企业建立农业科技成果转移机构，培养懂技术、懂市场和商务谈判技能的技术转移专业团队，大力发展农业科技成果转化服务体系，推动市场调查、法律咨询、知识产权交易等机构参与，并提供全方位、专业化的服务支撑。

（二）建立科技成果供给与需求有效对接机制

支持地方大力组织开展农业科技成果发布会、网上展示、成果推介、成果路演等线上线下结合的技术交易方式，搭建多种形式的宣传展示平台，加快农业科技成果供需双方精准对接。

（三）加强集成应用和示范推广

坚持市场需求和产业问题导向，着力加强重大科技成果的集成熟化、示范推广和转化应用，重点转化一批经济性状突出、发展潜力大的粮棉油等重大新品种，在适宜地区推广一批蔬菜、果树、烟草、茶叶以及畜禽水产等重要新品种；转化一批技术含量高、市场前景好的新肥料、新兽药、新疫苗、新农药以及农业机械等重大新产品（装备），推广一批绿色高效的重要农作物畜禽水产种养殖、重大病虫害绿色防控、畜禽水产重大疫病防治、农机农艺结合、农产品加工和流通、水土资源节约高效利用、农业废弃物收储与高值利用、投入品减量高效施用等关键技术和模式，强有力支撑农业产业提质增效和农民持续增收。

（四）构建加速科技成果转化应用的服务体系

健全“一主多元”农业技术推广体系，改革和完善公益性农技推广体系，建立科学规范的运行管理和利益联结机制，推动农科教有效对接。壮大社会化创新创业服务主体，形成农业科技成果转化的强大合力。拓展服务领域，丰富服务内容，创新服务方式，提高科技成果服务供给水平。

（五）建立健全科技成果评估机制

建立健全科技成果评估机制，准确评价市场价值和应用前景，提高科技成果的供给质量和转化效率。建立以增加知识价值为导向的分配机制，让科技人员“名利双收”，激发科技人员面向市场的创新活力。以兼职取酬、股权期权等多种形式，鼓励农业科研人员在企业和科研院校之间兼职兼薪、顺畅流动。

第五章 建设生态宜居美丽乡村

第一节 持续改善农村人居环境

一、村庄整体规划

好的村庄规划，是凝固的艺术、历史的画卷。整治村容村貌，要坚持规划先行，从各地的实际出发，通过精心的规划设计，切实提高村庄布局水平、村落规划水平和民居设计水平，避免把村庄建成“夹皮沟”，把村落建成“军营式”，把民居建成“火柴盒”。农村就要像农村，规划建设村庄，要依山就势、傍河就景、错落有致，与自然山水融为一体，体现生态田园风光。

民居的外在风貌要有地域和民族特色，彰显农村蓬勃生机，内部功能要现代实用，有利于群众享受现代文明生活。有条件的地方，民居设计要前庭后院，建设“微田园”，既满足群众发展种养副业的需要，又彰显“鸡犬之声相闻”的农家情趣。

农村规划建设要做到“产村相融”，与产业发展相配套，村庄布局、村落规划、基础设施建设、民居功能设计等方面，都要有利于发展生产，提高农村的承载能力、服务能力和发展能力，帮助农民增收致富。

二、乡村道路规划

乡村道路系统是以乡村现状、发展规划、交通流量为基础，并结合地形、地貌、环境保护、地面水的排除、各种工程管线等，因地制宜地规划布置。规划道路系统时，应使所有道路分工明确，主次清晰，以组成一个高效、合理的交通体系，并应符合下列要求。

（一）满足安全

为了防止行车事故的发生，汽车专用公路和一般公路中的二、三级公路不宜从村的中心内部穿过；连接车站、码头、工厂、仓库等货运为主的道路，不应穿越村庄公共中心地段。农村内的建筑物距公路两侧不应小于 30 米；位于文化娱乐、商业服务等大型公共建筑前的路段，应规划人流集散场地、绿地和停车场。停车场面积按不同的交通工具进行划分确定。汽车或农用货车每个停车位宜为 25～30 米^2；电动车、摩托车每个停车位为 2.5～2.7 米^2；自行车每个停车位为 1.5～1.8 米^2。

（二）灵活运用地理条件，合理规划道路网走向

道路网规划指的是在交通规划基础上，对道路网的干、支道路的路线位置、技术等级、方案比较、投资效益和实现期限的测算等的系统规划工作。对于河网地区的道路宜平行或垂直于河道布局。跨越河道上的桥梁，则应满足通航净空的要求；山区乡村的主要道路宜平行等高线设置，并能满足山洪的泄流；在地形起伏较大的乡村，应视地面自然坡度大小，对道路的横断面组合做出经济合理的安排，并且主干道走向宜与等高线接近于平行布置；地形高差特别大的地区，宜设置人、车分开的道路系统；为避免行人在“之”字形支路上盘旋行走，应在垂直等高线上修建人行梯道。

（三）科学规划道路网形式

在规划道路网时，道路网节点上相交的道路条数，不得超过5条；道路垂直相交的最小夹角不应小于45°。道路网形式一般为方格网式、环形放射式、自由式和混合式4类。

三、乡村住宅功能布局

根据乡村住宅类型多样、住宅人数偏多、住户结构复杂等特点，住宅设计重点应落在功能布局上。主要应注意以下几个方面。

（一）合理规划房间

根据常住户的规模，有一代户、两代户、三代户及四代户。一般两代户与三代户较多，人口多在3~6口。这样基本功能空间就要有门斗、起居室、餐厅、卧室、厨房、浴室、储藏室，并且还应有附加的杂屋、厕所、晒台等功能，而套型应为一户一套或一户两套。当为3~4口人时，应设2~3个卧室；当为4~6口人时，应设3~6个卧室。如果住户为从事工商业者，还可根据实际情况进行增加。

（二）确保生产与生活区分开

凡是对人居生活有影响的，均要拒之于住宅乃至住区以外，确保家居环境不受污染。

（三）做到内与外区分

由户内到户外，须有一个更衣换鞋的户内外过渡空间；并且客厅、客房及客流路线应尽量避开家庭内部的生活领域。

（四）做到“公”与“私”的区分

在一个家庭住宅中，所谓“公”，就是全家人共同活动的空间，如客厅；所谓“私”，就是每个人的卧室。公私区分，就是公共活动的起居室、餐厅、过道等，应与每个人私密性强的卧室相分离。在这种情况下，基本上也就做到了“静”与“动”的区分。

(五) 做到“洁”与“污”的区分

这种区分也就是基本功能与附加功能的区分。如做饭烹调、燃料、农具、洗涤便溺、杂物储藏、禽舍畜圈等均应远离清洁区。

四、农村垃圾分类处理

(一) 垃圾分类的概念和意义

垃圾分类是指按照一定的规定或标准将垃圾分类储存、分类投放和分类搬运，从而转变成公共资源的一系列活动的总称。它的目的是提高垃圾的资源价值和经济价值，力争物尽其用。

垃圾分类是一种可持续的经济发展和生态保护模式，具有社会、经济、生态三方面的效益。近年来，随着经济社会的快速发展，人民生活水平不断提升，垃圾数量也与日俱增，给生态环境、财政支付等都带来了很大压力。推进农村生活垃圾分类处置已到了刻不容缓的地步。

(二) 常见的农村垃圾

常见的农村垃圾有 3 类：可回收利用垃圾、可堆沤垃圾、不可降解垃圾或有害垃圾。

1. 可回收利用垃圾

可回收利用垃圾由民间废品回收公司回收。包括如下几个系列。

废纸系列：报纸、书本纸、外包装用纸、办公用纸、广告用纸、纸盒、作业本、草稿纸等。

废塑料系列：农膜、各种塑料袋、塑料泡沫、塑料包装、一次性塑料餐盒、牙刷、塑料杯子、饮料瓶、矿泉水瓶、洗发水瓶、洗洁精瓶、牙膏袋等。

废金属系列：易拉罐、铁皮罐头盒等。

废玻璃系列：玻璃瓶和碎玻璃片、镜子、罐头瓶、啤酒瓶等。

废橡胶系列：橡胶鞋、自行车胎、摩托车胎等。

废衣料系列：废弃衣服、毛巾、书包、布鞋等。

其他：纤维袋、纤维布等。

2. 可堆沤垃圾

可堆沤垃圾由保洁员督促农户就地分散，采取堆肥或填埋处置。包括：瓜果皮、废菜叶、藕煤渣、食物残渣、鸡鸭毛和禽鱼动物内脏等。

3. 不可降解垃圾或有害垃圾

不可降解垃圾或有害垃圾由合作社向农户购买，特指：废农药瓶、废电池等。

（三）常见的垃圾分类方法

垃圾分类方法很多。具体到农村地区，初期阶段，可以简单分成“可烂的”厨余垃圾和“不可烂的”其他垃圾，这样村民易于理解和接受。

五、生活污水处理模式

根据我国农村基本国情，生活污水处理大致形成 3 种模式，即分散处理模式、村落集中处理模式和纳入城镇排水管网模式。

（一）分散处理模式

分散处理模式，即单户或几户，采用小型污水处理设备或自然处理形式处理生活污水，其适用于人口密度稀少、地形条件复杂、污水不易集中收集的村庄污水处理。目前，庭院式分散处理、街道式局部集中就地处理采用较多。

（二）村落集中处理模式

我国提出“连片治理”模式，连片村庄有如下3种形式。

（1）对地域空间相连的多个村庄，通过采取措施实施综合治理。

（2）围绕同类环境问题或相同环境敏感目标，对地域上互不相连的多个村庄进行同步治理。

（3）通过建设集中的大型污染防治设施，利用其辐射作用，解决周边村庄的环境问题。该模式适用于污水排放量较大、人口密度大、远离城镇的地区。该处理模式，与污水处理站类似，通常采用生物与生态组合处理等工艺形式。

（三）纳入城镇排水管网模式

城镇近郊区的农村，经济条件较好，能直接接入市政污水管道的生活污水，可选择纳入城镇污水管网，进行统一集中处理。该方法具有投资省、施工周期短、见效快和统一管理方便等优点。

因此，应根据村庄所处地域、人口规模、聚集程度、地形地貌、排水特点及排放要求，结合当地经济承受能力等，采用适宜的污水收集和处理模式进行农村生活污水处理。

靠近城市的城镇或村庄生活污水可以并入城市集中式污水处理厂，远离城市的村庄因其独立性和分散性等特点，可以灵活组合生物+生态处理技术，如“化粪池+潜流式人工湿地”工艺的庭院式污水处理技术或“强化一级处理+生物处理+人工强化生态净化”工艺的分散式处理技术等。

第二节　加强乡村生态保护与修复

大力实施乡村生态保护与修复重大工程，完善重要生态系统保护制度，促进乡村生产生活环境稳步改善，自然生态系统功能和稳定性全面提升，生态产品供给能力进一步增强。

一、实施重要生态系统保护和修复重大工程

统筹山水林田湖草系统治理，优化生态安全屏障体系。大力实施大规模国土绿化行动，全面建设“三北”、长江等重点防护林体系，扩大退耕还林还草，巩固退耕还林还草成果，推动森林质量精准提升，加强有害生物防治。稳定扩大退牧还草实施范围，继续推进草原防灾减灾、鼠虫草害防治、严重退化沙化草原治理等工程。保护和恢复乡村河湖、湿地生态系统，积极开展农村水生态修复，连通河湖水系，恢复河塘行蓄能力，推进退田还湖还湿、退圩退垸还湖。大力推进荒漠化、石漠化、水土流失综合治理，实施生态清洁小流域建设，推进绿色小水电改造。加快国土综合整治，实施农村土地综合整治重大行动，推进农用地和低效建设用地整理以及历史遗留损毁土地复垦。加强矿产资源开发集中地区特别是重有色金属矿区地质环境和生态修复，以及损毁山体、矿山废弃地修复。加快近岸海域综合治理，实施蓝色海湾整治行动和自然岸线修复。实施生物多样性保护重大工程，提升各类重要保护地保护管理能力。加强野生动植物保护，强化外来入侵物种风险评估、监测预警与综合防控。开展重大生态修复工程气象保障服务，探索实施生态修复型人工增雨工程。

二、健全重要生态系统保护制度

完善天然林和公益林保护制度，进一步细化各类森林和林地的管控措施或经营制度。完善草原生态监管和定期调查制度，严格实施草原禁牧和草畜平衡制度，全面落实草原经营者生态保护主体责任。完善荒漠生态保护制度，加强沙区天然植被和绿洲保

护。全面推行河长制、湖长制，鼓励将河长、湖长体系延伸至村一级。推进河湖饮用水水源保护区划定和立界工作，加强对水源涵养区、蓄洪滞涝区、滨河滨湖带的保护。严格落实自然保护区、风景名胜区、地质遗迹等各类保护地保护制度，支持有条件的地方结合国家公园体制试点，探索对居住在核心区域的农牧民实施生态搬迁试点。

三、健全生态保护补偿机制

加大重点生态功能区转移支付力度，建立省以下生态保护补偿资金投入机制。完善重点领域生态保护补偿机制，鼓励地方因地制宜探索通过赎买、租赁、置换、协议、混合所有制等方式加强重点区位森林保护，落实草原生态保护补助奖励政策，建立长江流域重点水域禁捕补偿制度，鼓励各地建立流域上下游等横向补偿机制。推动市场化多元化生态补偿，建立健全用水权、排污权、碳排放权交易制度，形成森林、草原、湿地等生态修复工程参与碳汇交易的有效途径，探索实物补偿、服务补偿、设施补偿、对口支援、干部支持、共建园区、飞地经济等方式，提高补偿的针对性。

四、发挥自然资源多重效益

大力发展生态旅游、生态种养等产业，打造乡村生态产业链。进一步盘活森林、草原、湿地等自然资源，允许集体经济组织灵活利用现有生产服务设施用地开展相关经营活动。鼓励各类社会主体参与生态保护修复，对集中连片开展生态修复达到一定规模的经营主体，允许在符合土地管理法律法规和土地利用总体规划、依法办理建设用地审批手续、坚持节约集约用地的前提下，利用1%~3%的治理面积从事旅游、康养、体育、设施农业等产业开发。深化集体林权制度改革，全面开展森林经营方案编制工作，扩大商品林经营自主权，鼓励多种形式的适度规模经营，支持开展林权收储担保服务。完善生态资源管护机制，设立生态管护员工作岗位，鼓励当地群众参与生态管护和管理服务。进一步健全自然资源有偿使用制度，研究探索生态资源价值评估方法并开展试点。

第三节　推进农业绿色发展

一、防治农药化肥污染

（一）农药化肥的污染

农药在田间使用后，除少部分附着在作物体表外，大多逸散在大气中或降落在农田地表，大气和土壤中的农药，随着雨水的冲淋，又会进入邻近的水体。附着在作物体表的农药及进入土壤中的农药，又可被作物吸收而进入作物体内及农产品中。农药使用不当，如用量过大、次数过多，尤其是临近作物收获时使用农药，容易造成污染危害。一些地区发生的蔬菜、水果等农产品含过量的性质不太稳定的有机磷等农药残留，就是由于临近作物收获时使用这些农药所致。农药污染的主要危害是污染农产品，使农产品中不同程度地含有农药残留，进而影响农产品的食用。导致农药污染有多条途径，农药厂任意排泄废物，以及农药在储存、运输、销售等过程中，都有可能发生农药污染。

化肥造成的污染主要有3种情况：一是化肥中含有过量的有害物质造成的污染。由于生产化肥所用的原料含较多杂质，尤其是以工业副产品原料所生产的化肥，往往含有重金属、无机酸和有害的有机化合物，从而造成对环境的污染。这些有害物质随着化肥的施用进入农田后，有的会直接危害作物生长，甚至造成死亡，有的可被作物吸收而污染农产品，进而危及人体健康。二是过量施用化肥造成的污染。过量施用化肥，不但降低化肥的增产效益，提高农业生产成本，而且往往会破坏土壤的理化性质，影响作物根系对水分的吸收，诱发土壤中某些必需元素转化为难溶性化合物而导致作物缺素症，污染农产品等。如过量施用氮肥，可使蔬菜中积累大量硝酸盐，硝酸盐在蔬菜储存过程中又可还原为对人畜健康危害相当大的亚硝酸盐。三是肥料散失造成的污染。主要表现在由于雨水下渗或流散，以及施肥农田管理不善等原因，使施入田间的化肥污染地表水体及地下水源，造成地表水体的富营养化污染。富营养化污染的水体，藻类大量繁殖，水质溶解氧减少，致使鱼类窒息死亡。造成水体富营养化污染的，主要是氮素和磷素肥。

(二) 防污背景下的农业生产

现代农业的发展，是政府主导、市场调节、生产主体（新型职业农民）实施的农业发展形态。具体在农药化肥科学施用方面，需要多方发力。

从政府层面说，要在技术、产品（品种）、服务、机制方面提供切实保障。要加大力度、强化措施，加快转变施肥用药方式，因地制宜推广化肥机械深施、机械追肥、种肥同播、水肥一体等技术，根据不同作物和病虫推广应用农业防治、生物防治、物理防治等绿色防控技术，推进统防统治与绿色防控融合。加快推广新型高效肥料和农药，重点研发高效缓释肥料、高效低毒低残留农药、生物肥料农药等新型产品；积极推广先进施肥施药机械，加快替代落后机械。加快发展社会化服务组织，提高装备条件和服务能力。积极探索政府购买公益性服务的有效途径，鼓励社会化服务组织参与化肥、农药使用量零增长行动，在更大范围内提供科学施肥施药服务。

对生产主体来说，防治化肥农药污染，既包括选择良品，也包括施行良法。首先，选用高效、低毒、低残留的新农药，淘汰污染严重的高残留农药；就用肥来说，就是选择经过严格控制有害物质含量的肥料品种。其次，按照“预防为主，综合防治”的植保理念，探索农作物病虫草害的综合防治措施，尽量控制或减少化学农药用量；合理施用化肥，配方施肥提高化肥利用率，防止或减少化肥的流失，同时探索因地制宜地走有机与无机肥相结合的道路。

市场对于农业生产发展的调节，主要通过产品流通来进行。优质、高效的农业产品，在有序的消费市场将逐步形成影响力和品牌效应，也在同类竞争中获得更大的价格优势。这种优势会反馈到生产环节。

二、农业废弃物资源化利用

当前，农民生产生活中产生的农业废弃物处理粗放、综合利用水平不高的问题日益突出，已成为农村环境治理的短板。据估算，全国每年产生畜禽粪污 38 亿吨，综合利用率不到 60%；每年生猪病死淘汰量约 6 000 万头，集中的专业无害化处理比例不高；每年产生秸秆近 9 亿吨，未利用的约 2 亿吨；每年使用农膜 200 万吨，当季回收率不足 2/3。这些未实现资源化利用无害化处理的农业废弃物，实际是放错了地方的资源，乱堆乱放、随意焚烧，给城乡生态环境造成了严重影响。

农业废弃物资源化利用是改善环境污染、发展循环经济、实现农业可持续发展的有效途径。农业废弃物资源化利用工作要贯彻党中央、国务院有关决策部署，围绕解决农村环境脏乱差等突出问题，聚焦畜禽粪污、病死畜禽、农作物秸秆、废旧农膜及废弃农药包装物5类废弃物，以就地消纳、能量循环、综合利用为主线，坚持整县统筹、技术集成、企业运营、因地制宜的原则，采取政府支持、市场运作、社会参与、分步实施的方式，注重县乡村企联动、建管运行结合，着力探索构建农业废弃物资源化利用的有效治理模式。

三、构建人与自然的和谐关系

随着城镇化进程的不断加快，很多农村产生了很多因为经济发展带来的环境问题，因此，保护农村的生态环境，建设环保型新农村是现在农村发展的当务之急。

（一）树立环保意识

要防止农村环境恶化，首先要让人们树立环保意识，加强环保方面的宣传，对私自开采矿藏的行为进行严厉处罚。为了保持绿水蓝天，森林的作用必不可少，因此，对农村大面积存在的树木要进行较大强度的保护。

（二）自觉实践环保行为

环保社会的建立是人类可持续发展的必要条件，人们的衣食住行等各个方面都与社会和自然息息相关。因此，在人们的日常生活中，要使用卫生、环保的器材，食用绿色有机食物，对生活垃圾进行分类处理，对生产垃圾进行回收利用。当然，上述这些并不是单靠个人就能够完成的，还需要政府和社区的协调帮助，政府要发动群众，多进行环保知识宣传，多举办环保类型的活动，从行动上影响群众，使群众成为自觉环保的好公民。

（三）协调自然和经济的共同发展

因为城镇化进程的影响，很多企业都已经“移民”到农村，这些企业中大多都是高污染、高排放的企业，因此，在引进投资方面，政府要加强对排污的严格把关，禁止乱排乱放，统筹全局，协调自然和经济的共同发展。

建立资源节约型和环境友好型社会，要发展循环经济和低碳经济，调整我国现阶段的经济结构，把环保落实到日常的工作和生活中，对污染型企业进行整改。在提高资源利用率的同时，也要把排污工作做好，要时刻把人民群众的健康利益放在首位。

只有人人都树立环保的意识和观念，在日常生活中落实环保行为，环保的新农村才能顺利建立，农村才能健康发展，我们的社会才会更加和谐美好。

第六章 繁荣发展乡村文化

第一节 加强农村思想道德建设

持续推进农村精神文明建设，提升农民精神风貌，倡导科学文明生活，不断提高乡村社会文明程度。

一、筑牢理想信念之基

人民有信仰，国家有力量，民族有希望。信仰信念指引人生方向，引领道德追求。要坚持不懈地用习近平新时代中国特色社会主义思想武装全党、教育人民，引导人们把握丰富内涵、精神实质、实践要求，打牢信仰信念的思想理论根基。在农村广泛开展理想信念教育，深化社会主义和共产主义宣传教育，深化中国特色社会主义和中国梦宣传教育，引导农民不断增强道路自信、理论自信、制度自信、文化自信，把共产主义远大理想与中国特色社会主义共同理想统一起来，把实现个人理想融入实现国家富强、民族振兴、人民幸福的伟大梦想之中。

二、培育弘扬社会主义核心价值观

社会主义核心价值观是当代中国精神的集中体现，是凝聚中国力量的思想道德基础。习近平总书记强调，社会主义核心价值观是一个国家的重要稳定器，能否构建具有强大感召力的核心价值观，关系社会和谐稳定，关系国家长治久安。要采取符合农村特点的方式方法和载体，持续深化社会主义核心价值观宣传教育，增进认知认同、树立鲜明导向、强化示范带动，引导农民把社会主义核心价值观作为明德修身、立德树人的根本遵循。把社会主义核心价值观要求融入日常生活，使之成为人们日用而不觉的道德规范和行为准则。加强爱国主义、集体主义、社会主义教育，深化民族团结进步教育。以爱国主义为核心的民族精神和以改革创新为核心的时代精神，是中华民族生生不息、发展壮大的坚实精神支撑和强大道德力量。要深化改革开放史、中华人民共和国历史、中国共产党历史、中华民族近代史、中华文明史教育，弘扬中国人民伟大创造精神、伟大奋斗精神、伟大团结精神、伟大梦想精神，倡导一切有利于团结统一、爱好和平、勤劳勇敢、自强不息的思想和观念，构筑中华民族共有的精神家园。注重典型示范，深入实施时代新人培育工程，推出一批新时代农民的先进模范人物。把社会主义核心价值观融入法治建设，推动公正文明执法司法，彰显社会主流价值。强化公共政策价值导向，探索建立重大公共政策道德风险评估和纠偏机制。

三、加强农村思想道德阵地建设

推动基层党组织、基层单位、农村社区有针对性地加强农村群众性思想政治工作。加强对农村社会热点、难点问题的应对解读，合理引导社会预期。健全人文关怀和心理疏导机制，培育自尊自信、理性平和、积极向上的农村社会心态。深化文明村镇创建活动，进一步提高县级及以上文明村和文明乡镇的占比。广泛开展星级文明户、文明家庭等群众性精神文明创建活动。深入开展“扫黄打非”进基层。重视发挥社区教育作用，做好家庭教育，传承良好家风家训。完善文化科技卫生“三下乡”长效机制。

四、倡导诚信道德规范

深入实施公民道德建设工程，推进社会公德、职业道德、家庭美德、个人品德建设。推进诚信建设，强化农民的社会责任意识、规则意识、集体意识和主人翁意识。建立健全农村信用体系，完善守信激励和失信惩戒机制。弘扬劳动最光荣、劳动者最伟大的观念。弘扬中华孝道，强化孝敬父母、尊敬长辈的社会风尚。广泛开展好媳妇、好儿女、好公婆等评选表彰活动，开展寻找“最美乡村教师”“最美医生”“最美村干部”“最美人民调解员”等活动。深入宣传道德模范、身边好人的典型事迹，建立健全先进模范发挥作用的长效机制。

第二节　弘扬乡村优秀传统文化

乡村文化是乡村全面发展的有机组成部分，传承发展提升农村优秀文化是文化振兴的重要任务。要切实保护好优秀农耕文化遗产，推动优秀农耕文化遗产合理适度利用。深入挖掘农耕文化蕴含的优秀思想观念、人文精神、道德规范，充分发挥其在凝聚人心、教化群众、淳化民风中的重要作用。划定乡村建设的历史文化保护线，保护好文物古迹、传统村落、民族村寨、传统建筑、农业遗迹、灌溉工程遗产。支持农村地区优秀戏曲曲艺、少数民族文化、民间文化等传承发展。

一、保护利用乡村传统文化

实施农耕文化传承保护工程，深入挖掘农耕文化中蕴含的优秀思想观念、人文精神、道德规范，充分发挥其在凝聚人心、教化群众、淳化民风中的重要作用。实施乡村经济社会变迁物证征藏工程，鼓励乡村史志修编。传承传统建筑文化，使历史记忆、地域特色、民族特点融入乡村建设与维护。实施传统文化乡镇、传统村落及传统建筑维修、保护和利用工程，划定乡村建设的历史文化保护线，分批次开展重点保护项目规划、设计、修复和建设，加强历史文化名镇、名村、传统民居、古树名木保护。支持农村地区优秀戏曲曲艺、少数民族文化、民间文化等传承发展。整理保护有地方特色的物质文化遗产，传承保护传统美术、戏剧、曲艺、民间舞蹈、杂技和民间传说等非物质文化遗产，鼓励支持非物质文化遗产传承人、其他文化遗产持有人开展传承、传播活动。完善非物质文化遗产保护制度，实施非物质文化遗产传承发展工程。

二、重塑乡村文化生态

紧密结合特色小镇、美丽乡村建设，深入挖掘乡村特色文化符号，盘活地方和民族特色文化资源，走特色化、差异化发展之路。以形神兼备为导向，保护乡村原有建筑风貌和村落格局，把民族民间文化元素融入乡村建设，深挖历史古韵，弘扬人文之美，重塑诗意闲适的人文环境和田绿草青的居住环境，重现原生田园风光和原有乡情乡愁。引导企业家、文化工作者、退休人员、文化志愿者等投身乡村文化建设，丰富农村文化业态。

三、发展乡村特色文化产业

加强规划引导、典型示范，挖掘培养本土人才，建设一批特色鲜明、优势突出的农耕文化产业展示区，打造一批特色文化产业乡镇、文化产业村和文化产业群。大力推动农村地区实施传统工艺振兴计划，培育形成具有民族和地域特色的传统工艺产品，促进传统工艺提高品质、形成品牌、带动就业。积极开发传统节日文化用品和武术、戏曲、舞龙、舞狮、锣鼓等民间艺术、民俗表演项目，促进文化资源与现代消费需求有效对接。推动文化、旅游与其他产业深度融合、创新发展。

第三节　强化乡村公共文化服务

推动城乡公共文化服务体系融合发展，增加优秀乡村文化产品和服务供给，活跃繁荣农村文化市场，为广大农民提供高质量的精神营养。按照有标准、有网络、有内容、有人才的要求，健全乡村公共文化服务体系。发挥县级公共文化机构辐射作用，推进基层综合性文化服务中心建设，实现乡村两级公共文化服务全覆盖，提升服务效能。深入推进文化惠民，公共文化资源要重点向乡村倾斜，提供更多更好的农村公共文化产品和服务。支持"三农"题材文艺创作生产，鼓励文艺工作者不断推出反映农民生产生活尤其是乡村振兴实践的优秀文艺作品，充分展示新时代农村农民的精神面貌。培育挖掘乡土文化本土人才，开展文化结对帮扶，引导社会各界人士投身乡村文化建设。活跃繁荣农村文化市场，丰富农村文化业态，加强农村文化市场监管。

一、健全公共文化服务体系

推动县级文化馆图书馆总分馆制，发挥县级公共文化机构辐射作用，加强基层综合性文化服务中心建设。完善农村新闻出版、广播电视公共服务覆盖体系，推进数字广播电视户户通，探索农村电影放映的新方法新模式，推进农家书屋延伸服务和提质增效。继续实施公共数字文化工程，积极发挥新媒体作用，使农民群众能便捷获取优质数字文化资源。完善乡村公共体育服务体系，推动乡村健身设施全覆盖。

二、增加公共文化产品和服务供给

深入推进文化惠民，为农村地区提供更多更好的公共文化产品和服务。建立农民群众文化需求反馈机制，推动政府向社会购买公共文化服务，开展“菜单式”“订单式”服务。加强公共文化服务品牌建设，推动形成具有鲜明特色和社会影响力的农村公共文化服务项目。开展文化结对帮扶。支持“三农”题材文艺创作生产，鼓励文艺工作者推出反映农民生产生活尤其是乡村振兴实践的优秀文艺作品。鼓励各级文艺组织深入农村地区开展惠民演出活动。加强农村科普工作，推动全民阅读进家庭、进农村，提高农民科学文化素养。

三、广泛开展群众文化活动

完善群众文艺扶持机制，鼓励农村地区自办文化。加强基层文化队伍培训，培养一支懂文艺、爱农村、爱农民、专兼职相结合的农村文化工作队伍。传承和发展民族民间传统体育，广泛开展形式多样的农民群众性体育活动。鼓励开展群众性节日民俗活动，支持文化志愿者深入农村开展丰富多彩的文化志愿服务活动。活跃并繁荣农村文化市场，推动农村文化市场转型升级，加强农村文化市场监管。

第七章 构建现代乡村治理体系

第一节 加强农村基层党组织建设

一、农村基层党组织在乡村治理中的重要作用

农村基层组织主要指设在村一级的各种组织，包括基层党组织、基层政权和其他组织3个方面，主要有村党组织、村民委员会、村团支部、村妇代会、村民兵连及“两新”组织（“新的经济组织”和“新的社会组织”）。其中，农村基层组织的领导核心是基层党组织。在乡村治理体系中，党的基层组织居于中心地位，发挥着核心作用，是实现新时期乡村治理现代化的关键。

（一）乡村治理的主导者

乡村振兴，治理是基础。“农业强、农村美、农民富”的乡村振兴战略目标依赖乡村有效治理来实现。农村基层党组织作为领导村民自治的核心力量，一边连接国家权力，一边连接人民群众，是党的战斗力、凝聚力和号召力充分发挥的最终落脚点，是实现乡村社会充满活力、和谐有序的主导力量。

基层党组织以法治为保障，把乡村治理纳入法治轨道，形成群众办事依法、遇事找法、解决问题用法、化解矛盾靠法的法治氛围，动员组织群众依法、理性、有序参与社会管理和公共服务，实现乡村治理和谐有序。

基层党组织以德治为引领，以伦理道德规范为准则，移风易俗，培育文明乡风、良好家风、淳朴民风，让社会主义核心价值观落地生根、开花结果，形成潜移默化的“软治理”。

基层党组织以推动自治为核心，“让村民群众当家作主是乡村治理的本质和核心，是乡村治理的出发点和落脚点，这是以人民为中心的根本政治立场所决定的”。保证和支持广大基层村民群众实行自我教育和自我管理，形成乡村治理的强大动力。

（二）乡村建设的领导者

坚持和加强党组织对乡村工作的全面领导，确保和强化党组织在乡村工作中举旗定向、总揽全局、协调各方的作用，健全和完善党管农村工作的领导体制及运行机制，这是我国乡村振兴坚强有力的组织保证和政治保障。

从政治方向看，基层党组织熟知党的路线方针政策，依据《宪法》和党内法规开展各项活动，并受《宪法》和党章的双重约束，能动地发挥主心骨的作用，保证农村的政治、经济、社会发展不偏离党和国家的发展方向和奋斗目标。

从党群关系看，基层党组织坚持党“从群众中来、到群众中去”的群众路线，利用自身及村委会、村集体经济组织、共青团、妇代会等群团组织的影响力，教育群众、发动群众、依靠群众，形成合力，实现全民共同参与乡村建设。

从社会管理看，作为党的基层组织，服从党的决议，执行党的政策，以党的奋斗目标将农民组织起来，确立发展目标、制定工作制度、完善规划方案，解决农业问题、满足农民需要、促进农村发展，成为农村事务的有效管理者。

（三）村民利益的代表者

乡村振兴，村民是主体。如何调动广大乡村居民的积极性、主动性、创造性，维护乡村居民根本利益、促进乡村居民共同富裕，是我国乡村治理的出发点和落脚点。毫无疑问，利益关系是乡村最重要、最复杂的社会关系，是形成乡村社会结构和建立乡村社会关系的基础，利益实现是农村社会组织和农村发展的动力所在。

从性质和宗旨看，基层党组织是党在基层的先锋队，是广大人民群众的利益代表者，保护着农民群众的合理、合法利益，谋求的是农民群众根本利益和长远利益，这是践行党全心全意为人民服务宗旨的必然要求。

从基础和结构看，在农民之间、农民与村委之间、干群之间、干干之间形成了一张错综复杂的利益网。基层党组织是国家、集体、个人利益关系的调控者和整合者。一方面创造利益表达的渠道和条件，充分了解村民的利益诉求，积极反映农民的愿望和意见；另一方面以党的政策为指导，在求同存异的原则下形成基本共识，调整利益关系，化解利益冲突，实现利益整合，成为农民根本利益的代言人、维护者、实践者。

（四）农业发展的推动者

乡村振兴，发展是关键。农业全面升级、农村全面进步、农民全面发展是新时代乡村振兴的基本要求，而坚持质量兴农、绿色兴农，以农业供给侧结构性改革为主线则是农村产业发展的基本原则。农村经济社会的全面发展，农村群众的增收致富，关键依靠党的基层组织带领、发动和组织；党的惠民利民政策、农村秩序的和谐稳定，关键靠党的基层组织落实、服务和保障。基层党组织是贯彻以人民为中心的发展理念、落实党中央“精准扶贫”攻坚战略的执行者，通过宣传党的方针政策，制订和倡导科学发展计划，推动农村农业的发展。

具体在农村农业发展方面，基层党组织是重要的领导力量和组织力量，确定经济发展方向，构建农业产业体系，开展指导以及帮扶工作，不断提高农业的竞争力、生产力以及创新力，不断促进农村农业的创新发展。俗话说，“村看村，户看户，群众看干部”，基层党组织发挥党员的示范引领作用，通过咨询、带领、合作等，以“一带一”“一帮多”等形式对村民进行帮扶、帮助、援助，解决发展困难问题，搭建发展平台，创造发展机遇，推进农民共同富裕目标的实现。

二、加强农村基层党组织建设路径

党的十八大以来，以习近平同志为核心的党中央高度重视农村基层党建工作，采取一系列有力举措加以推进，取得了显著成效。但随着经济社会快速发展，农村组织形式日益多样、社会阶层更加多元、人口流动更加频繁，给农村基层党组织建设带来了许多新课题。同时，农村基层党组织也存在一些突出问题，有的村党组织领导核心作用被弱化、虚化，少数农村党组织处于软弱涣散状态。有的基层党员干部作风不正、漠视群众，甚至违法乱纪等。面对新的形势和任务，必须充分认识加强农村基层党建工作的重要性紧迫性，切实把加强农村基层党组织建设摆在更加突出的位置抓实抓好。

（一）强化政治引领

强化农村基层党组织的领导核心地位，充分发挥基层党组织政治功能，使农村基层党组织成为落实党的路线方针政策和各项工作任务的坚强战斗堡垒。突出政治引领，进一步加强政治建设和思想建设。深入推进“两学一做”学习教育常态化制度化，扎实开展“不忘初心、牢记使命”主题教育，不断加强党内教育，组织农村基层党组织和广大党员用党的创新理论武装头脑，牢固树立“四个意识”，坚定“四个自信”，做到“四个服从”，坚持党要管党、全面从严治党，以提升组织力为重点，突出政治功能，努力成为宣传党的主张、贯彻党的决定、领导基层治理、团结动员群众、推动改革发展的坚强战斗堡垒。

（二）加强基层领导班子和干部队伍建设

加强农村基层干部对习近平新时代中国特色社会主义思想和党的基本理论、基本路线、基本方略的学习。各级党组织应当注重加强农村基层干部教育培训，不断提高素质。县级党委每年至少对村党组织书记培训一次。加强农村基层干部队伍作风建设。加强农村基层干部管理监督，坚决纠正损害群众利益的行为，严厉整治群众身边的腐败问题。注重从优秀村党组织书记、选调生、大学生村官、乡镇事业编制人员中选拔乡镇领导干部，从优秀村党组织书记中考录乡镇公务员、招聘乡镇事业编制人员。重视发现培养选拔优秀年轻干部、女干部和少数民族干部。村党组织书记应当注重从本村致富能手、外出务工经商返乡人员、本乡本土大学毕业生、退役军人的党员中培养选拔。每个村应当储备村级后备力量。建立选派第一书记工作长效机制，全面向贫困村、软弱涣散村和集体经济薄弱村党组织派出第一书记。全面加强农村基层组织体系建设，把党员组织起来，把人才凝聚起来，把群众动员起来，合力推动新时代乡村全面振兴。乡镇党委领导班子每年至少召开一次民主生活会，村党组织领导班子每年至少召开一次组织生活会，严肃认真地开展批评和自我批评，接受党员、群众的监督。

（三）加强基层党员队伍建设

按照控制总量、优化结构、提高质量、发挥作用的总要求和有关规定，把政治标准放在首位，做好发展党员工作。注重从青年农民、农村外出务工人员中发展党员，注意吸收妇女入党。村级党组织发展党员必须经过乡镇党委审批。县、乡两级党委要加强农村党员教育培训，建好用好乡镇党校、党员活动室，注重运用现代信息技术开展党员教育。乡镇党委每年至少对全体党员分期分批集中培训一次。严格党的组织生活。坚持“三会一课”制度，村党组织应当以党支部为单位，每月安排相对固定一天开展主题党日活动，组织党员学习党的文件、上党课，开展民主议事、志愿服务等工作，突出党性锻炼，防止表面化、形式化。党员领导干部应当定期为基层党员讲党课。坚持和完善民主评议党员制度。对优秀党员，进行表彰表扬；对不合格党员，加强教育帮助，依照有关规定，分别给予限期改正、劝其退党、党内除名等组织处置。严格执行党的纪律。党员违犯党的纪律，应当及时教育或者处理，问题严重的应当向上级党组织报告。对于受到党的纪律处分的，应当加强教育，帮助其改正错误。农村党员应当在社会主义物质文明建设和精神文明建设中发挥先锋模范作用，带头投身乡村振兴，带领群众共同致富。

（四）加大基层保障力度

各级党委应当健全以财政投入为主的稳定的村级组织运转经费保障制度，建立正常增长机制。落实村干部基本报酬，发放人数和标准应当依据有关规定，从实际出发合理确定，确保正常离任村干部生活补贴到位。落实村级组织办公经费、服务群众经费、党员活动经费。建好、管好、用好村级组织活动场所，整合利用各类资源，规范标识、挂牌，发挥“一室多用”的综合功能，服务凝聚群众，教育引导群众。乡镇应当设立党建工作办公室或者党建工作站，配备专职组织员，配强党务力量。加强乡镇小食堂、小厕所、小澡堂、小图书室、小文体活动室和周转房建设，改善乡镇干部工作和生活条件。各级党组织应当满怀热情关心关爱农村基层干部和党员，政治上激励、工作上支持、待遇上保障、心理上关怀，宣传表彰优秀农村基层干部先进典型，彰显榜样力量，激励新担当新作为。

第二节　促进自治、法治、德治有机结合

一、深化村民自治实践

村民自治是我国社会主义基层民主制度的重要组成部分。充满活力的村民自治制度能够有效实现和保障村民民主权利，夯实党在农村的执政基础，是促进农村改革发展稳定的重要保障。党的十八大以来，习近平总书记多次强调要坚持和完善基层群众自治制度、创新村民自治的有效实现形式，丰富基层民主协商的实现形式，发挥村民监督的作用，让农民自己“说事、议事、主事”。

（一）加强村民自治机制建设

充分发挥基层党组织领导核心作用。加强基层党组织对各类组织的统一领导，打造充满活力、和谐有序的善治乡村，形成共建共治共享的乡村治理格局。推动管理和服务力量下沉，引导基层党组织强化政治功能，聚焦主业主责，把工作重点转移到基层党组织建设上来，转移到做好公共服务、公共管理、公共安全工作上来，转移到为经济社会发展提供良好公共环境上来。有效发挥基层政府主导作用，注重发挥基层群众性自治组织基础作用，统筹发挥社会力量协同作用。进一步加强基层群众性自治组织规范化建设，合理确定其管辖范围和规模。促进基层群众自治与网格化服务管理有效衔接。完善农村民主选举制度，进一步规范民主选举程序，切实保障外出务工农民民主选举权利。充分发挥自治章程、村规民约在治理中的积极作用，弘扬公序良俗，促进法治、德治、自治有机融合。增强农村集体经济组织支持农村社区建设能力。

（二）推动乡村治理重心下移

从实际出发，根据各地具体情况和村民意愿，按照合乎群众自治组织内在规律、便于管理和服务的要求，稳步创新自治方式。依托村民会议、村民代表会议、村民议事会、村民理事会、村民监事会等，形成民事民议、民事民办、民事民管的多层次基层协商格局。积极发挥新乡贤作用。推动乡村治理重心下移，尽可能把资源、服务、管理下沉到基层。在保持现有村民委员会设置格局的前提下，对处于独立居民点且拥有集体土地所有权的村民小组或自然村，根据群众意愿建立村民理事会等组织，代表村民对本集体组织范围内的公共事务开展议事协商会，实行民主管理和监督。村民理事会向村民小组会议负责并报告工作。村民理事会成员任期与村民委员会相同。村民理事会成员的产生根据本人自愿、群众认可的原则，通过民主推选产生，可采取村民代表推选方式，也可采取直接推选方式。村党组织和村民委员会成员可参加本村民小组或自然村的村民理事会选举。提倡村民小组组长与村民理事会理事长互相兼职，鼓励本村党组织团员、教师、乡村医生、致富能手、返乡创业农民工、退休公职人员等加入理事会。明确村民自治组织功能，落实“说事日”制度，制定村规民约、完善文明公约，严格落实村（组）务公开、村民代表会、村民大会等民主管理制度。村民理事会要在村党组织的领导和村民委员会的指导下开展活动。

（三）建立健全村务监督委员会

村务监督委员会是村民对村务进行民主监督的机构。建立健全村务监督委员会，对从源头上遏制村民群众身边的不正之风和腐败问题、促进农村和谐稳定具有重要作用。村务监督委员会一般由 3~5 人组成，设主任 1 名，由非村民委员会成员的村党组织班子成员或党员担任主任，村务监督委员会成员由村民会议或村民代表会议在村民中推选产生，任期与村民委员会的任期相同。村务监督委员会对村务、财务管理等情况进行监督，受理和收集村民有关意见建议。村务监督委员会要重点加强对村务决策和公开情况、村级财产管理情况、村工程项目建设情况、惠农政策措施落实情况、农村精神文明建设情况等的监督。村务监督委员会一般应每季度召开一次例会，梳理总结、研究安排村务监督工作。每半年向村党组织汇报一次村务监督情况，村党组织要认真听取村务监督委员会的意见。每年向村民会议或村民代表会议报告一次工作，由村民会议或村民代表会议对村务监督委员会及其成员进行民主评议。

（四）不断提升农村社区公共服务供给水平

加强农村社区治理创新。创新基层管理体制机制，整合优化公共服务和行政审批职责，打造“一门式办理”“一站式服务”的综合服务平台。健全农村社区服务设施和服务体系，整合利用村级组织活动场所、文化室、卫生室、计划生育服务室、农民体育健身工程等现有场地、设施和资源，推进农村基层综合性公共服务设施建设，提升农村基层公共服务信息化水平，逐步构建县（市、区）、乡（镇）、村三级联动互补的基本公共服务网络。积极推动基本公共服务项目向农村社区延伸，探索建立公共服务事项全程委托代理机制，促进城乡基本公共服务均等化。加强农村社区教育，鼓励各级各类学校教育资源向周边农村居民开放，用好县级职教中心、乡（镇）成人文化技术学校和农村社区教育教学点。改善农村社区医疗卫生条件，加大对乡（镇）、村卫生和计划生育服务机构设施改造、设备更新、人员培训等方面的支持力度。做好农村社区扶贫、社会救助、社会福利和优抚安置服务，推进农村社区养老、助残服务，组织引导农村居民积极参加城乡居民养老保险，全面实施城乡居民大病保险制度和“救急难”工作试点。

二、推进乡村法治建设

法治乡村建设是一个总体性、整体性、全面性和协调性的系统工程，需要全面推进。只有通过大力提升农民法治意识以增长其法治需求、规范权力运行以构建公正的法治环境、强化法律有效实施以维护权利、创新法律服务以推进法律服务供给，才能构生出美好的乡村法治生活。

（一）提升农民法治意识

法治的生成首先源于对法治的需求，而法治需求的产生又仰赖于法治意识的提升。因为只有认知法治的内涵、意义、精神、理念、价值，以及其对现代美好生活的意义与构建，才会追求法治生活，才会在日常生活中把法律作为行为规范，进而自觉用法和守法。乡村是传统文化的根基与承载地，而传统文化中不合时宜的人治思维、关系模式、厌讼心理、权力压制权利的社会生活逻辑在乡村依然大行其道，阻碍着现代法治的生成。为此，需要通过不断提升农民的法治意识特别是权利意识、规则意识和参与意识等唤醒农民对公平正义和美好生活的向往，这样才能为法治乡村建设构建坚实的基础。当前，提升农民法治意识的主要途径是加强对农民的法治宣传教育。在法治宣传教育实践中，要以习近平总书记全面依法治国新理念新思想新战略为指导，紧紧围绕农民最为关心的问题以及影响农民生活最为紧迫的问题入手展开法治教育宣传，如化解矛盾纠纷、助力精准脱贫和强化生态保护等，从而让农民群众深切感受到法治对于构建美好生活的意义。同时，创新探索新时代法治教育的新机制、新模式、新方法：一方面构建多元化的法律宣传教育机制，如要发挥基层政府、司法机关、法律服务所、律师事务所、社会组织以及农村法律明白人的法治教育价值与功能，通过形成协调统一、共同协作的教育格局，以强化对农民的法治教育；另一方面采用多种形式的法律教育途径，如开展传统的标语与摊点的法律宣传、参与庭审判决与纠纷调解的法治实践教育和新媒体平台的法治教育等，从而提升农民的法治意识。

（二）规范乡村权力运行

乡村基层权力得不到规范，将必然产生权力的腐败，从而导致政府公信力下降、法律权威丧失，人民群众不信任、不认同法律，致使法治成为幻想。所以，基层权力规范化是法治乡村建设的关键。在实践中，加强权力的规范化建设，一方面要加强基层干部依法用权。权力来源于人民的赋予，因而权力要为民所用，这就要求用权必须在法律许可的范围内，且要受到监督。基层干部应自觉遵守国家法律，要不断深化“以人民为中心”的价值理念，提升公仆意识和规则意识，提高基层干部依法用权观念。另一方面要科学界分和合理配置权力。随着社会发展与改革的进一步深入，现存的一些权力配置不符合甚至违背“以人民为中心”“群则对等”的理念要求，特别是基层权责不清、机构臃肿导致的“办事难”问题已经成为人民群众痛心疾首的问题。为此，要进一步完善涉农法律法规，科学界分权责、理顺部门关系，提升权力配置的科学化、规范化水平。同时，加强对权力运行的监督。无监督的权力必然走向腐败，规范基层权力需要强化对权力的监督。要完善制度监督，健全法律监督机制，进行稳定的常态化监督，积极拓展和创新人民群众参与监督的途径与渠道，鼓励人民群众多种形式监督，以形成全社会广泛监督氛围和格局。

（三）强化法律有效实施

法律的生命在于实施，无法实施的法律尽管也规定着人们广泛的权利，但也只是一纸空文。法治乡村建设的根本目标是构建农民群众的美好生活，而美好生活的关键在于人民权利得到实现。因此，这就要求法律发挥保障作用，特别是通过法律的有效实施切实维护农民群众的权利。同时，只有法律的有效实施才能维护自身的权威性与至上地位，也才能形成良好的法治环境。在此意义上，法治乡村建设要以强化法律的有效实施为核心。在实践中，强化法律的有效实施，一方面要求法律本身必须是体现公平正义与人民立场的良法，也就是说，只有把维护农民群众的根本利益作为涉农法律的根本目标与原则，才能得到农民群众的内心认同，也才能得到农民群众的自觉遵守。另一方面要求乡村基层执法机关严格执法。依法严格执法是维护法律尊严和农民权利的基本要求，所以要对损害农民利益的行为进行依法查处和坚决打击，如环境污染、涉农资金违规使用、涉农项目质量不达标、基层干部履职不力的问题等，都深切地关系到农民群众的根本利益，只有依法依规严格追查责任，对违法违规行为进行严肃处理，才能消除不法侵害，才能赢得农民群众的谅解与支持；此外，基层司法机关要公正司法。司法是专门适用法律的活动，也是维护人民利益的最后一道防线。司法是否公正直接关系到人民是否认同和信仰法律，也直接关系到法治的基石是否稳固。为此，乡村基层司法机关及其工作人员要坚持法律至上与法律面前人人平等的原则，恪守职业道德，维护司法正义，做到每一起案件都能经得起法律、人民和历史的考验。

（四）创新法律服务模式

法律服务是法治生活得以顺利进行的保证。法治生活在本质上是法律需求与法律供给相互作用的动态平衡过程。在这个过程中，法律需求表现为希望通过法律使自己的权利得到维护与实现，而法律供给则是为满足法律需求而开展的以法律为内容的活动，其中法律服务诸如法律咨询、法律援助、法律调解、司法鉴定、公证仲裁等是法律供给的重要内容。在广大农村，农民运用法律维护自己的权利需要法律服务，法律服务供给是农民法治生活不可或缺的组成部分。所以，法治乡村建设要以创新法律服务供给为重点。一方面要建立法律服务的多元供给机制。当前农村的法律服务在总体上不足，而已有的法律服务又主要依赖于基层司法行政机关的供给，这显然难以满足日益增长的农民法律需求。为此，要在整合已有法律服务资源，如基层司法、公安、司法所、司法鉴定、公证、仲裁、调解部门的基础上，积极引进市场供给法律服务，鼓励社会组织提供法律服务，以及培养法律明白人进行自我服务等，从而形成多元化的法律服务供给格局，以满足农民法律服务需求。另一方面要建立法律服务的精准供给机制。传统的法律服务，如“送法下乡”经常是形式有余而效果不佳，这主要是因为其采用的是一种“运动式”的法律服务供给模式，而这一模式不能及时满足农民对法律服务的需求，也不能满足农民个性化的法律需求。为此，可探索构建“一村一法律顾问”模式，通过推进法官或律师等专业法律人才进村社，及时满足农民群众的法律需求。同时，也要构建“互联网+法律服务”模式，推进运用新媒体、大数据、云计算等获取有效法律服务需求，从而以需求为导向及时提供精准化的法律服务。

三、提升乡村德治水平

推进乡村德治建设，必须加强乡村文化建设，在用社会主义核心价值观引领德治建设、挖掘利用优秀传统文化、重视村民主体地位、重视乡规民约建设等方面下功夫，适应新时代发展的要求，实现传统道德价值的现代性转化，才能实现乡村治理的善治。

（一）用社会主义核心价值观引领德治建设

当前我国乡村文化生态变得更加复杂，乡村居民思想价值观受到传统文化、现代城市文明等多种价值观的混合影响，使乡村居民的文化价值选择变得多元化。文化可以是多元的，但主流文化只能有一个，以社会主义核心价值观为核心的社会主义先进文化，才是我国的主流文化。从思想起源说，社会主义核心价值观是对中华优秀传统文化的继承，与我国传统的乡土文化具有内在的契合性。因此在推进乡村德治建设中，必须适应新时代发展的新要求，广泛开展社会主义核心价值观宣传教育活动，用社会主义核心价值观引领乡村德治建设。首先，要正本清源，优化乡村文化生态，使乡村居民成为社会主义核心价值观的坚定信仰者。其次，对村民进行思想文化教育，增强村民对乡村优秀文化的认同感、归属感和责任感，培育新时代村民“富强、民主、文明、和谐”的价值观，同时要提高村民对封建落后文化以及西方腐朽思想的辨别力。最后，要凝聚村民的共识，使乡村居民成为社会主义核心价值观的积极传播者，将新时代乡村社会主义核心价值观内化于心、外化于行。

积极培育乡村良好社会风气，打造文明乡村。德治建设是上层建筑的一部分，在社会经济关系中产生，同时也受到经济基础的制约和影响。因此，在推进德治建设进程中，要满足广大农民在物质上逐渐富裕起来之后对更美好的精神文化生活的向往。

（二）挖掘利用农村优秀传统文化

在中国几千年的发展中，中华优秀传统文化发挥着深远影响。新时代乡村德治建设要大力传承和发扬优秀传统文化，深入挖掘中华民族传统文化的人文关怀，在对乡村优秀传统文化继承的基础上进行继承与创新，使广大乡村居民欣然接受中华优秀传统文化，推动崇德尚法、诚实守信、乐于助人等良好乡村文化风俗的建设。从家庭角度讲，要继承和弘扬优秀的“孝文化”，尊敬长者，发扬家庭美德，并赋予时代精神，树立男女平等思想，尊重个人在家庭中的人格尊严和权利。从社会角度讲，重视人际间的团结友善，重塑传统助人为乐的思想。同时要严公德，守私德。让乡村居民成为优秀传统文化的模范践行者，要对村民进行民族精神教育、集体主义教育、社会公德教育、职业道德教育、家庭美德教育，形成相亲相爱、和睦友好的良好氛围。

以坚定的文化自信促进乡村德治建设，特别要树立好、宣传好乡村榜样来激发乡村居民规范自身道德。梁漱溟认为：世界文化的未来就是中国文化的复兴。因此，乡村德治建设要深入挖掘和利用我国优秀传统文化，同时，应注意解决传统道德理念与现代道德理念的矛盾与冲突，要结合时代发展的要求进行创新性发展，让广大民众沐浴在优秀的乡风文明中，形成良好的社会风俗。如在广大乡村开展道德大课堂、寻找身边“最美的人”“道德模范”“好儿媳、好婆婆”等多种形式的活动，让乡风文明美起来、浓起来、淳起来。

（三）加强家庭美德建设

推动德治在乡村治理体系中的作用，就要发挥乡村居民的主体地位。推动乡村德治建设的主体是每一个乡村居民，德治也是为了更好地为广大乡村居民服务。因此在乡村德治建设过程中，要强化乡村居民对乡村文化建设重要性的认知，鼓励乡村居民积极参与其中，积极培育新时代乡村社会主义核心价值观，使乡村居民可以主动地去建设本村优秀的乡村文化。广泛引导乡村居民社会主义核心价值观教育。创新优秀乡村文化，自觉推动乡村德治建设，形成讲道德、尊道德、守道德的乡村风气。

开展乡村居民道德评议活动，选出最美乡村教师、医生、家庭。运用社会舆论和道德影响的号召力形成鲜明的舆论导向。积极引导村民学习先进人物典型事迹，发挥乡村居民主体地位，传播正能量，弘扬真善美，引领乡村德治建设，用乡村道德先锋树立新时代乡村风气。

注重家风的培育和营造，促进家庭幸福美满。孝敬老人、爱护亲人是中华民族的传统美德，家庭美德是调节家庭成员内部关系的行为规范，以孝老爱亲为核心加强家庭美德建设是新时代德治建设的内在要求。在乡村“空心化”日益严重的今天，要建立关爱空巢老人、留守妇女和留守儿童服务体系，帮助他们改善生活条件。要坚持正确的致富观念，勤劳致富；坚持正确的消费观，量入而出。

（四）重塑乡贤文化

在我国乡村社会，乡贤文化是独具魅力的，对传承创新中华优秀传统文化特别是乡村文化，进而凝聚人心、弘扬正能量，起着非常关键的作用。他们不仅为乡村居民树立了道德规范，也是维护乡村道德秩序的带头人。近年来，随着现代化和城市化的发展，乡贤文化受到了冲击。面对新的历史使命，我们需要塑造新乡贤，推动形成适应时代发展需要的乡贤文化，壮大乡村精英队伍，为实施好乡村振兴战略提供智慧和力量。

当今乡贤文化重塑的目的有两个方面，一方面是为了传承中华民族优秀传统文化，另一方面是为了解决乡村社会现代发展的难题，而后者，是当今乡贤文化重塑需要承担的全新的历史使命。在当今时代，新乡贤是指具有较高的文化素养、较多的社会阅历与经验，或是具备其他优秀素质的乡村精英。他们的思想价值理念以及个人修养，对村民具有榜样的力量。可以发挥乡贤特有的功能为乡村振兴办公益活动，维护乡村秩序，传播优秀传统文化。因此，政府要激活乡村精英建设乡村机制，吸引本土精英和外来精英来共同推进乡村德治建设。运用他们的资金、知识和技术等力量来推动乡村高质量发展。加强对乡村精英的思想引导，培养乡村精英振兴乡村的责任感和使命感，发挥他们在乡风文明建设中的模范表彰作用，用他们的成功经验指导实践，为乡村的振兴发展服务，带领乡村居民走向致富之路。

（五）重视村规民约的修订

面对传统的村规民约，应做到取其精华，去其糟粕，赋予村规民约以时代精神。一方面要继承村规民约中优秀的道德价值，如爱国爱乡、勤劳勇敢、自强不息等传统美德，保护家谱族谱、民俗活动、传统仪式等文化遗产，发挥其价值引领和行为导向作用。另一方面要积极改造村规民约那些过时落后的思想，使之贴近适应时代发展的要求，填补法律法规调节不到的空白领域。通过融入现代价值，实现村规民约向现代价值转变。加强村民对村规民约的认同感，通过观念内化、教育引导养成新的行为规范，发挥其道德教化的作用。同时要健全村规民约实施的保障机制，运用奖罚方式保障实施效力，积极引导村民，避免只喊口号，流于形式，切实发挥社会治理功能。在乡村德治建设中，要鼓励广大农民发挥主体性作用，赋予德治时代性，立足当地实际，挖掘本地特色，积极探索适合新时代乡村发展的独特模式。

第三节　夯实基层政权

科学设置乡镇机构，构建简约高效的基层管理体制，健全农村基层服务体系，夯实乡村治理基础。

一、加强基层政权建设

面向服务人民群众合理设置基层政权机构、调配人力资源，不简单照搬上级机关设置模式。根据工作需要，整合基层审批、服务、执法等方面力量，统筹机构编制资源，整合相关职能设立综合性机构，实行扁平化和网格化管理。推动乡村治理重心下移，尽可能把资源、服务、管理下放到基层。加强乡镇领导班子建设，有计划地选派省市县机关部门有发展潜力的年轻干部到乡镇任职。加大从优秀选调生、乡镇事业编制人员、优秀村干部、大学生村官中选拔乡镇领导班子成员力度。加强边境地区、民族地区农村基层政权建设相关工作。

二、创新基层管理体制机制

明确县乡财政事权和支出责任划分，改进乡镇财政预算管理制度。推进乡镇协商制度化、规范化建设，创新联系服务群众工作方法。推进直接服务民生的公共事业部门改革，改进服务方式，最大限度方便群众。推动乡镇政务服务事项一窗式办理、部门信息系统一平台整合、社会服务管理大数据一口径汇集，不断提高乡村治理智能化水平。健全监督体系，规范乡镇管理行为。改革创新考评体系，强化以群众满意度为重点的考核导向。严格控制对乡镇设立不切实际的“一票否决”事项。

三、健全农村基层服务体系

制定基层政府在村（农村社区）治理方面的权责清单，推进农村基层服务规范化标准化。整合优化公共服务和行政审批职责，打造“一门式办理”“一站式服务”的综合服务平台。在村庄普遍建立网上服务站点，逐步形成完善的乡村便民服务体系。大力培育服务性、公益性、互助性农村社会组织，积极发展农村社会工作和志愿服务。开展农村基层减负工作，集中清理对村级组织考核评比多、创建达标多、检查督查多等突出问题。

第八章 保障和改善农村民生

第一节　推动农村基础设施提档升级

继续把基础设施建设重点放在农村，持续加大投入力度，加快补齐农村基础设施短板，促进城乡基础设施互联互通，推动农村基础设施提档升级。

一、改善农村交通物流设施条件

以示范县为载体全面推进“四好农村路”建设，深化农村公路管理养护体制改革，健全管理养护长效机制，完善安全防护设施，保障农村地区基本出行条件。推动城市公共交通线路向城市周边延伸，鼓励发展镇村公交，实现具备条件的建制村全部通客车。加大对革命老区、民族地区、边疆地区、贫困地区铁路公益性运输的支持力度，继续开好“慢火车”。加快构建农村物流基础设施骨干网络，鼓励商贸、邮政、快递、供销、运输等企业加大在农村地区的设施网络布局。加快完善农村物流基础设施末端网络，鼓励有条件的地区建设面向农村地区的共同配送中心。

二、加强农村水利基础设施网络建设

构建大中小微结合、骨干和田间衔接、长期发挥效益的农村水利基础设施网络，着力提高节水供水和防洪减灾能力。科学有

序推进重大水利工程建设，加强灾后水利薄弱环节建设，统筹推进中小型水源工程和抗旱应急能力建设。巩固提升农村饮水安全保障水平，开展大中型灌区续建配套节水改造与现代化建设，有序新建一批节水型、生态型灌区，实施大中型灌排泵站更新改造。推进小型农田水利设施达标提质，实施水系连通和河塘清淤整治等工程建设。推进智慧水利建设。深化农村水利工程产权制度与管理体制改革，健全基层水利服务体系，促进工程长期良性运行。

三、构建农村现代能源体系

优化农村能源供给结构，大力发展太阳能、浅层地热能、生物质能等，因地制宜开发利用水能和风能。完善农村能源基础设施网络，加快新一轮农村电网升级改造，推动供气设施向农村延伸。加快推进生物质热电联产、生物质供热、规模化生物质天然气和规模化大型沼气等燃料清洁化工程。推进农村能源消费升级，大幅提高电能在农村能源消费中的比重，加快实施北方农村地区冬季清洁取暖，积极稳妥推进散煤替代。推广农村绿色节能建筑和农用节能技术、产品。大力发展“互联网+”智慧能源，探索建设农村能源革命示范区。

四、夯实乡村信息化基础

深化电信普遍服务，加快农村地区宽带网络和第四代移动通信网络覆盖步伐。实施新一代信息基础设施建设工程。实施数字乡村战略，加快物联网、地理信息、智能设备等现代信息技术与农村生产生活的全面深度融合。深化农业农村大数据创新应用，推广远程教育、远程医疗、金融服务进村等信息服务，建立空间化、智能化的新型农村统计信息系统。在乡村信息化基础设施建设过程中，同步规划、同步建设、同步实施网络安全工作。

第二节 提升农村劳动力就业质量

坚持就业优先战略和积极就业政策，健全城乡均等的公共就业服务体系，不断提升农村劳动者素质，拓展农民外出就业和就地就近就业空间，实现更高质量和更充分就业。

一、拓宽转移就业渠道

增强经济发展创造就业岗位能力，拓宽农村劳动力转移就业渠道，引导农村劳动力外出就业，更加积极地支持就地就近就业。发展壮大县域经济，加快培育区域特色产业，拓宽农民就业空间。大力发展吸纳就业能力强的产业和企业，结合新型城镇化建设合理引导产业梯度转移，创造更多适合农村劳动力转移就业的机会，推进农村劳动力转移就业示范基地建设。加强劳务协作，积极开展有组织的劳务输出。实施乡村就业促进行动，大力发展乡村特色产业，推进乡村经济多元化，提供更多就业岗位。结合农村基础设施等工程建设，鼓励采取以工代赈方式就近吸纳农村劳动力务工。

二、强化乡村就业服务

健全覆盖城乡的公共就业服务体系，提供全方位公共就业服务。加强乡镇、行政村基层平台建设，扩大就业服务覆盖面，提升服务水平。开展农村劳动力资源调查统计，建立农村劳动力资源信息库并实行动态管理。加快公共就业服务信息化建设，打造线上线下一体的服务模式。推动建立覆盖城乡全体劳动者、贯穿劳动者学习工作终身、适应就业和人才成长需要的职业技能培训制度，增强职业培训的针对性和有效性。在整合资源基础上，合理布局建设一批公共实训基地。

三、完善制度保障体系

推动形成平等竞争、规范有序、城乡统一的人力资源市场，建立健全城乡劳动者平等就业、同工同酬制度，提高就业稳定性和收入水平。健全人力资源市场法律法规体系，依法保障农村劳动者和用人单位合法权益。完善政府、工会、企业共同参与的协调协商机制，构建和谐劳动关系。落实就业服务、人才激励、教育培训、资金奖补、金融支持、社会保险等就业扶持相关政策。加强就业援助，对就业困难农民实行分类帮扶。

第三节　增加农村公共服务供给

继续把国家社会事业发展的重点放在农村，促进公共教育、医疗卫生、社会保障等资源向农村倾斜，逐步建立健全全民覆盖、普惠共享、城乡一体的基本公共服务体系，推进城乡基本公共服务均等化。

一、优先发展农村教育事业

统筹规划布局农村基础教育学校，保障学生就近享有有质量的教育。科学推进义务教育公办学校标准化建设．全面改善贫困地区义务教育薄弱学校基本办学条件，加强寄宿制学校建设，提升乡村教育质量，实现县域校际资源均衡配置。发展农村学前教育，每个乡镇至少办好 1 所公办中心幼儿园，完善县乡村学前教育公共服务网络。继续实施特殊教育提升计划。科学稳妥推行民族地区乡村中小学双语教育，坚定不移推行国家通用语言文字教育。实施高中阶段教育普及攻坚计划，提高高中阶段教育普及水平。大力发展面向农村的职业教育，加快推进职业院校布局结构调整，加强县级职业教育中心建设，有针对性地设置专业和课程，满足乡村产业发展和振兴需要。推动优质学校辐射农村薄弱学校常态化，加强城乡教师交流轮岗。积极发展“互联网+教育”，推进乡村学校信息化基础设施建设。优化数字教育资源公共服务体系。落实好乡村教师支持计划，继续实施农村义务教育学校教师特设岗位计划，加强乡村学校紧缺学科教师和民族地区双语教师培训，落实乡村教师生活补助政策，建好建强乡村教师队伍。

二、推进健康乡村建设

深入实施国家基本公共卫生服务项目，完善基本公共卫生服务项目补助政策，提供基础性全方位全周期的健康管理服务。加强慢性病、地方病综合防控，大力推进农村地区精神卫生、职业病和重大传染病防治。深化农村计划生育管理服务改革，落实全面两孩政策。增强妇幼健康服务能力，倡导优生优育。加强基层医疗卫生服务体系建设，基本实现每个乡镇都有 1 所政府举办的乡镇卫生院，每个行政村都有 1 所卫生室，每个乡镇卫生院都有全科医生，支持中西部地区基层医疗卫生机构标准化建设和设备提档升级。切实加强乡村医生队伍建设，支持并推动乡村医生申请执业（助理）医师资格。全面建立分级诊疗制度，实行差别化的医保支付和价格政策。深入推进基层卫生综合改革，完善基层医疗卫生机构绩效工资制度。开展和规范家庭医生签约服务。树立大卫生大健康理念，广泛开展健康教育活动，倡导科学文明健康的生活方式，养成良好的卫生习惯，提升居民文明卫生素质。

三、加强农村社会保障体系建设

按照兜底线、织密网、建机制的要求，全面建成覆盖全民、城乡统筹、权责清晰、保障适度、可持续的多层次社会保障体系。进一步完善城乡居民基本养老保险制度，加快建立城乡居民基本养老保险待遇确定和基础养老金标准正常调整机制。完善统一的城乡居民基本医疗保险制度和大病保险制度，做好农民重特大疾病救助工作，健全医疗救助与基本医疗保险、城乡居民大病保险及相关保障制度的衔接机制，巩固城乡居民医保全国异地就医联网直接结算。推进低保制度城乡统筹发展，健全低保标准动态调整机制。全面实施特困人员救助供养制度，提升托底保障能力和服务质量。推动各地通过政府购买服务、设置基层公共管理和社会服务岗位、引入社会工作专业人才和志愿者等方式，为农村留守儿童和妇女、老年人以及困境儿童提供关爱服务。加强和改善农村残疾人服务，将残疾人普遍纳入社会保障体系予以保障和扶持。

四、提升农村养老服务能力

适应农村人口老龄化加剧形势，加快建立以居家为基础、社区为依托、机构为补充的多层次农村养老服务体系。以乡镇为中心，建立具有综合服务功能、医养相结合的养老机构，与农村基本公共服务、农村特困供养服务、农村互助养老服务相互配合，形成农村基本养老服务网络。提高乡村卫生服务机构为老年人提供医疗保健服务的能力。支持主要面向失能、半失能老年人的农村养老服务设施建设，推进农村幸福院等互助型养老服务发展，建立健全农村留守老年人关爱服务体系。开发农村康养产业项目。鼓励村集体建设用地优先用于发展养老服务。

五、加强农村防灾减灾救灾能力建设

坚持以防为主、防抗救相结合，坚持常态减灾与非常态救灾相统一，全面提高抵御各类灾害综合防范能力。加强农村自然灾害监测预报预警，解决农村预警信息发布“最后一公里”问题。加强防灾减灾工程建设，推进实施自然灾害高风险区农村困难群众危房改造。全面深化森林、草原火灾防控治理。大力推进农村公共消防设施、消防力量和消防安全管理组织建设，改善农村消防安全条件。推进自然灾害救助物资储备体系建设。开展灾害救助应急预案编制和演练，完善应对灾害的政策支持体系和灾后重建工作机制。在农村广泛开展防灾减灾宣传教育。

第九章 乡村振兴政策支撑体系

第一节 加快农村集体产权制度改革

农村集体产权制度改革，是针对农村集体资产产权归属不清晰、权责不明确、保护不严格等问题日益突出，侵蚀了农村集体所有制的基础，影响了农村社会的稳定，改革农村集体产权制度势在必行。

一、农村集体产权制度改革的意义

（一）什么是农村集体经济

农村集体经济是集体成员利用集体所有的资源要素，通过合作与联合，实现共同发展的经济形态。它是社会主义公有制的重要形式，农村集体经济是我国基本经济制度的重要部分。这个集体经济是在中华人民共和国成立以后通过土地制度改革，再通过农业合作化，再通过农村改革而逐步形成的。

集体的所有权，就是集体经济组织成员农民集体所有。这里有两个要点：第一，不是这个组织所有，是组织的成员所有，所以这次改革要把产权明确到成员。第二，不是村里干部、少数人所有，尽管他有些支配权和管理权，但从产权关系上讲，他们没有所有权。法律规定集体经济组织是行使集体产权关系的代表，集体经济组织代表成员对集体资产进行管理。

（二）推动农村集体产权制度改革的背景

在新的历史条件下，尤其是在我们国家全面市场化和快速城市化的大背景下，一方面，农村集体经济实力不断增强，资本积累日趋增加，集体经济收益分配稳步增长；另一方面，农村集体经济组织成员加速流动，集体经济结构和集体资产的表现形态发生了很大的变化，这使得现有农村集体经济组织制度越来越不适应新的发展形势，尤其是在集体资产所有权及其处置、组织成员资格界定、集体资产管理和经营等方面引发了一系列不容忽视的问题。因此，为解决目前一些地方集体经营性资产归属不明、经营收益不清、分配不公开、成员的集体收益分配权缺乏保障等突出问题，进一步探索农村集体所有制有效实现形式，创新农村集体经济运行机制，保护农民集体资产权益，调动农民发展现代农业和建设社会主义新农村的积极性，中共中央、国务院做出了稳步推进农村集体产权制度改革的重大战略部署，并于 2016 年 12 月 26 日印发了《中共中央　国务院关于稳步推进农村集体产权制度改革的意见》。

（三）推进农村集体产权制度改革的重大意义

从宏观层面来讲，即“两个适应”：第一个适应，就是要适应健全社会主义市场经济体制的新要求，第二个适应，就是要适应城乡一体化发展的新趋势；从具体层面讲：第一，推进农村集体产权制度改革是健全中国特色社会主义农业体系的必然要求；第二，推进农村集体产权制度改革是增强农村集体经济发展活力的迫切需要；第三，推进农村集体产权制度改革，是维护农民合法权益、促进农民增收的有效途径；第四，推进农村集体产权制度改革是提高农村治理能力的重要举措。

二、农村集体产权制度改革的内容

（一）改革内容

农村集体资产目前主要有三大类别，分别是：农民集体所有的土地、森林、山岭、草原、荒地、滩涂等资源性资产；用于经营的房屋、建筑物、机器设备、工具器具、农业基础设施、集体投资兴办的企业及其所持有的其他经济组织的资产份额、无形资产等经营性资产；用于公共服务的教育、科技、文化、卫生、体育等方面的非经营性资产，包括村里的卫生所、学校，体育设施以及图书馆，等等。这 3 类资产是集体经济组织成员的主要财产，是农业农村发展的重要物质基础，也是我们推进改革的三大主要内容。

就经营性资产而言，通过股份或份额的形式量化到本集体经济组织成员、确权到户，并积极发展多种形式的股份合作，明确集体经济组织的市场地位，加强集体资产运行管理监督，落实集体收益分配机制。就非经营性资产而言，在清产核资基础上，建立健全台账管理制度，探索实行集体统一运行的管护机制，确保其更好地为集体经济组织成员提供公益性服务。就资源性资产而言，落实法律法规政策，健全完善登记制度，巩固已有确权成果。对于未承包到户的集体资源性资产，要摸清底数，明确权属，按照已有部署继续开展相关确权登记颁证工作。

（二）目标任务

逐步构建归属清晰、权能完整、流转顺畅、保护严格的中国特色社会主义农村集体产权制度。“归属清晰”就是要搞清楚集体有多少资产，归谁所有；“权能完整”就是农民集体所有资产不能是虚的，占用权、使用权、收益权、处置权等权能要完整，要落到实处；“流转顺畅”就是便于进入市场交易；“保护严格”

就是农民集体所有的财产，非经法定程序，不能被剥夺，目的是保护农民作为集体经济组织成员的合法权益。具体来看，改革目标体现在3个层次：第一，要发展新型农村集体经济；第二，要建立符合市场经济要求的农村集体经济运行新机制；第三，要形成有效维护农村集体经济组织成员权利的治理体系。

三、农村集体产权制度改革的步骤

（一）清产核资

在清产核资中，要重点清查核实未承包到户的资源性资产和集体统一经营的经营性资产以及现金、债权债务等，查实存量、价值和使用情况，做到账证相符和账实相符。清产核资以后，要明确集体资产所有权。按照资产归属，是原先生产队一级的，确给组级集体经济组织成员集体；是原先生产大队一级的，就确到村级集体经济组织成员集体。一个村内属于不同经济组织的，就分别确给不同经济组织的成员集体。集体经济组织是代表成员行使所有权，是所有权的行使主体。确权后，依法由农村集体经济组织代表集体行使所有权。清产核资确认权属之后，集体经济组织都要建立资产管理台账，通过建章立制，切实把集体资产管好用好。同时，还要防止资产流失，对长期借出或者未按规定手续租赁转让的，要清理收回或者补办手续；对侵占集体资金和资产的，当事人要如数退赔，涉及违规违纪的移交纪检监察机关处理，构成犯罪的移交司法机关依法追究当事人的刑事责任。

（二）成员界定

总的要求是，依据有关法律法规，按照尊重历史、兼顾现实、程序规范、群众认可的原则，统筹考虑户籍关系、农村土地承包关系、对集体积累的贡献等因素，协调平衡各方利益，做好农村集体经济组织成员身份确认工作，解决成员边界不清的问题。

县镇两级要研究制定成员界定的指导性意见，各村（社区）在群众民主协商基础上，要探索确认农村集体经济组织成员的具体程序、标准和管理办法，建立健全成员镇级登记备案机制。首先，组织农民协商确认成员的时点。其次，明确确认成员的条件和标准。最后，确定确认成员的程序。对于将来成员家庭的新增人口，提倡农村集体经济组织成员家庭今后的新增人口，通过分享家庭内拥有的集体资产权益的办法，按章程获得集体资产份额和集体成员身份。

（三）资产量化

将集体经营性资产，以股份或份额的形式，量化到本集体成员，作为参与集体收益分配的依据。这个环节要重点理解和把握好 3 个问题。

一是关于股权设置的问题。股权设置应以成员股为主，是否设置集体股由本集体经济组织成员民主讨论决定。在先行地区试点工作初期，一些地方是设立集体股的，但随着时间推移和人们认识的深化，现在都取消了集体股，实行以成员股为主。变化的原因：首先，从法理上讲，如果再留集体股，权能与每个人的股权权能是否一致？谁能代表成员集体行使权能？既然量化到成员，就没必要再留集体股。其次，留集体股也是激化干群矛盾的一个焦点。不留集体股，可以给农民群众一个明白，还农村基层干部一个清白。

二是折股量化的问题。这个环节每个地方情况不一样，有的地方资产不多，群众同意，在确认成员后可以实行一人一股；有的地方集体资产较多，可按比例分，一部分按成员平均折股，一部分按成员的劳动贡献折股，甚至还可以设计划生育奖励股、扶贫股等；有的地方按年龄折股，年龄越大，股权比例越大。

三是股权管理的问题。对股权管理提倡实行静态管理模式，不随人口增减变动而调整的方式，即集体资产折股量化到户后，股权就不再调整了。同样是作为农村产权制度改革的分支，不同财产制度的规定要一致，如土地承包经营权也是一个财产权，《农村土地承包法》规定，土地承包期内，发包方不得收回土地、不得调整耕地，提倡增人不增地，减人不减地，实际就是固化管理。那么，相应的集体资产股权也应该实行固化管理。

（四）成立组织

建立健全农村集体经济组织，是整改改革过程的最后一步，也就是说要根据成员结构、资产情况不同，分别建立经济合作社或股份经济合作社。如果搞了集体资产股份量化，可以叫股份经济合作社；如果没有搞，可以叫经济合作社。现阶段可由县级以上地方政府主管部门负责向农村集体经济组织发放组织登记证书，农村集体经济组织可据此向有关部门办理银行开户等相关手续，以便开展经营管理活动。从农业农村部前期统计相关数据、将给各地下发农村集体经济组织统一社会信用代码专用号段来看，下一步各级农业行政主管部门将承担农村集体经济组织的注册登记业务。

（五）完成改革后需要强调的 5 个问题

一是优化治理结构。新成立的农村集体经济组织都建立起比较规范的“三会”组织治理结构。在组织形式上，选举产生股东（代表）大会、理事会（董事会）、监事会；在决策方式上，用股东民主表决制来代替原来的干部家长制，以章程、合同、群众监督等制度规范股东的行为，代替原来以权力约束村民的行为，为集体经济组织发展创造良好环境。

二是处理好与村（社区）党支部、村民（社区居民）委员会的关系。发展方向是政经分离，推动党务政务、自治事务和集体经济组织经营事务三者分离。村（社区）党支部是本村（社区）各类组织和各项工作的领导核心，领导和支持村（社区）自治组织行使职权；村民（社区居民）委员会依法开展群众自治工作；集体经济组织依法开展经营活动，负责集体资产的经营管理，理顺集体资产收益分配关系，接受集体资产管理平台和财务管理机构的监督。

三是完善收益分配机制。要健全集体收益分配制度，明确收益分配范围、顺序，并对收益分配中集体公积公益金的提取比例、性质、用途等做出具体规定。要坚持效益决定分配的原则，集体经济组织根据当年经营收益情况制定年度收益分配方案，无收益不得分配，严禁相邻镇村间相互攀比或举债分配。年度收益较少的，经社员（代表）或股东（代表）大会讨论通过，当年可不分配，收益结转下年。

四是规范集体资产流转交易。要建立健全农村产权流转交易市场，为包括集体资产股权在内的各类农村产权流转交易行为搭建平台。持续深化农村产权流转交易市场体系建设，继续强化农村产权交易、农业融资担保、产权信息管理三大平台共建对接和有机融合，重点推动集体经营性资产公开交易，真正激活农村各类生产要素，促进农村集体资产保值增值。

五是发展壮大集体经济。对于采取市场化方式运营集体资产、多途径发展集体经济，中央、省、市的态度是比较开放的，提出农村集体经济组织既可以自主经营，也可以通过承包、租赁、拍卖、托管、联营、股份合作等多种方式，由其他主体经营或与其他主体联合经营。从改革比较成功的村（社区）看，大部分都是采取发展物业经济的方式运营集体资产，不直接参与市场竞争，这样可以保证预期收益稳定，规避产业项目风险，最大限度地保障集体资产保值增值。所以，基于维护集体资产安全和农民权益方面的考虑，还是鼓励和引导村（社区）大力发展物业经济。

第二节　强化乡村振兴人才支撑

实行更加积极、更加开放、更加有效的人才政策，推动乡村人才振兴，让各类人才在乡村大施所能、大展才华、大显身手。

一、提高乡村工作干部队伍能力

加强乡村工作队伍建设，提高乡村干部队伍能力。要把懂农业、爱农村、爱农民作为基本要求，加强乡村工作干部队伍的培养、配备、管理、使用。各级党委和政府主要领导干部要懂乡村工作、会抓乡村工作。其中，关键是加强乡镇干部、村干部队伍建设。乡镇干部是党在农村基层的执政骨干、联系群众的桥梁和纽带，村干部是农民群众的“领头雁”，“上面千条线，下面一根针”，乡镇干部、村干部就是那根须臾不可离的“绣花针”。要进一步激发乡镇干部、村干部、干事的创业热情，充分发挥他们在乡村振兴中的关键作用。

（一）拓宽干部来源渠道

坚持按编制员额及时补充人员，根据乡镇工作需要按编制员额配备人员，空编的及时补充人员，杜绝县级机关变相占用乡镇编制。改进乡镇公务员考录工作，及时补充乡镇公务员。做好选调生选拔工作，坚持从优秀高校毕业生中考录乡镇公务员。加大从服务基层项目人员中考录乡镇公务员力度，重视从优秀村干部中考录乡镇公务员，探索开展从优秀工人和农民中考录乡镇公务员的工作。乡镇公务员考录数量、职位条件、专业需求等，要认真听取乡镇群众意见，选拔真正适合乡镇工作需要的优秀人才。扩大乡镇领导干部选拔视野，在选拔本地成长的优秀乡镇公务员的同时，注重从优秀村干部、大学生村官、乡镇事业编制人员中选拔乡镇领导干部。有计划地选派县级以上机关有发展潜力的年轻干部到乡镇任职、挂职。优化干部队伍结构。在乡镇干部队伍中，熟悉现代农业、村镇规划、社会管理、产业发展、文化教育等方面的专业人才要占一定比例。乡镇干部队伍要有一定数量的高校毕业生，也要有相当数量在本地成长的熟悉农村、了解农村、与农民群众有深厚感情的干部。拓宽村干部选拔途径。注重从民营企业家、企业经营管理人才、农村致富能人中选拔村党组织书记，注重从镇机关、企事业单位中选派优秀年轻干部到村主要干部职位上挂职锻炼，注重面向社会选聘大学生村干部，担任村党组织副书记或村主任助理，作为村主要干部后备人选进行重点培养。同时，加大从退伍军人、企业职工、农村知识青年和组队干部中选用村一般干部的力度。健全村干部退出机制，不断畅通村干部的退出途径，建立健全村干部的退休、退养、辞职和流转等机制。

（二）完善培养干部锻炼机制

加强思想政治建设和作风建设。引导乡镇、村干部继承和发扬实事求是、艰苦奋斗、勤俭节约的优良传统和作风，做到信念坚定、为民服务、清正廉洁。加大教育培训力度。扩大教育培训覆盖面，增强教育培训的针对性，力求务实管用。通过学习习近平新时代中国特色社会主义思想，加强党性锻炼，提高政治素质。优质教育培训资源要向乡镇和村延伸倾斜。要积极创新干部培训形式，采取任职培训、提高培训、基地培训等多种方式，组织优秀年轻乡镇、村干部外出参观学习、到高等院校深造、赴国（境）外培训，提升素质，拓宽视野，增强乡村振兴能力。乡镇、村干部每年参加各类学习培训的时间要有明确要求，教育培训经费要列入年度财政预算。积极创造条件，选派乡镇干部到上级机关、企事业单位学习锻炼，组织发达地区和欠发达地区互派乡镇干部挂职锻炼。对综合素质好的优秀乡镇干部，采取任职、挂职、驻村、结对帮扶等形式，安排到农村、重点项目和“急难险重”任务一线经受锤炼，提升组织动员、处理实际问题、化解复杂矛盾的能力。选派村干部到镇机关、事业单位跟班学习，切实提高村干部做好农村工作的业务水平和实际工作能力。

（三）激发队伍的积极性和创造性

加大选拔使用乡镇干部的力度。选拔县级党政领导班子成员，应优先考虑具有乡镇党政正职经历的干部。县级机关提拔副科级以上领导干部，应优先考虑具有乡镇工作经历的干部。提高村干部的政治待遇。对优秀的年轻村干部，优先选拔进入镇党政领导班子。对任职时间较长、成绩突出的村党组织书记，积极探索“提拔不挪位”的有效的新的任用方式或由上级党政机构授予荣誉称号，并予以表彰奖励和组织休养等。切实提高乡镇和村干部的待遇。统筹研究完善工资待遇政策向乡镇倾斜的具体办法，重点向长期在乡镇工作的干部倾斜。改善乡镇干部工作、生活条件。支持乡镇配备需要的办公设备，完善必要的文体、卫生设施，妥善解决乡镇干部的餐饮和住宿问题，逐步改善乡镇机关基本生活设施。切实提高村干部薪酬待遇。确保村党组书记、村委会主任薪酬待遇不低于当地农民外出务工平均收入的 1.5 倍，其他村干部的年基本报酬根据当地经济发展水平、按镇规定的比例或系数确定，资金由区财政定额补贴和镇财政统筹解决。完善村干部的社会保险待遇，符合参加社会保险条件的村干部要全部参加城镇企业职工养老、医疗等社会保险，并保证合适水平。

（四）严格管理监督，促进履职尽责

坚持从严管理，认真贯彻落实中共中央相关规定，建立健全乡镇干部管理制度，严格执行工作、考勤、病事假等相关制度。坚决制止损害群众利益的行为，对履行职责不到位、办事不公、群众意见较大的乡镇干部进行诫勉谈话，情节严重的要给予组织处理；对不胜任、不称职的干部进行组织调整，对失职干部严肃问责。完善村账镇管制度，严格把好会计审核关，规范村级财务管理，做好村干部离任审计和村两委主要干部届中审计工作，实行村干部任职回避制度。规范村务公开和民主管理制度。完善科学考核机制。根据不同类型乡镇特点，分类制定乡镇干部考核评价办法，强化考核结果运用，考核结果与乡镇干部的奖惩、职务调整等挂钩。建立和完善村干部目标责任制。保持干部队伍相对稳定。乡镇党政正职一般应任满一届，乡镇领导班子成员任期内一般不得调动或调整，上级机关一般不得借调乡镇干部。

二、培养乡村专业技术人才

（一）培育新型职业农民

全面建立职业农民制度，培养新一代爱农业、懂技术、善经营的新型职业农民，优化农业从业者结构。培养一批农村实用人才带头人。针对农村实用人才队伍整体素质偏低、示范带动能力不强的状况，以村干部、农民专业合作组织负责人、大学生村官为重点，着力培养乡村振兴急需的带头人队伍。不断探索农村实用人才带头人培养新办法、新途径。各省（区、市）要积极组织开展本地农村实用人才带头人培养工作。着力加强农村实用人才带头人带头致富和带领农民群众实施乡村振兴的能力，努力造就一大批勇于创业、精于管理、能够带领群众致富的复合型人才。全面培养农村生产型人才。适应农业规模化、专业化发展趋

势和产业结构调整的需要，着眼于提高土地产出率、资源利用率和劳动生产率，以中青年农民、返乡创业者和农村女性劳动者为重点，着力培养农村生产型人才。培养乡村产业发展急需的种植、养殖、加工能手。注重在各类农业产业项目实施过程中培养农村生产型人才。支持农村专业技术协会开展农业实用技术咨询、技术指导与技术培训，充分发挥农村专业技术协会在培养农村实用人才中的作用。积极开展农业实用技术交流活动，鼓励农业技术骨干、科技示范户、种养能手开办农家课堂，进行现场技术指导。积极培养农村经营型人才。适应农业产业化和市场化发展要求，以提高经营管理水平和市场开拓能力为核心，以农村经纪人和农民专业合作组织负责人为重点，着力培养农村经营型人才。依托农产品市场体系建设，加大对农产品经纪人的培养力度，提高其营销能力，促进农产品流通，活跃农村市场。加大对农民专业合作组织带头人的培养力度，提高其组织带动能力、专业服务能力和市场应变能力，引导农民专业合作组织规范发展；鼓励和支持农村实用人才带头人牵头建立专业合作组织，积极扶持农村实用人才创业兴业。加快培养农村技能服务型人才。适应农业产业化、标准化、信息化、专业化的发展需要，以提高职业技能为核心，加快培养动物防疫员、植物病虫害综合防治员、农村信息员、农产品质量安全检测员、肥料配方师、农机驾驶操作和维修能手、农村能源工作人员以及农产品加工仓储运输人员、畜禽繁殖服务人员等各类农村技能服务型人才。完善以职业院校、广播电视学校、技术推广服务机构等为主体，学校教育与企业、农民专业合作组织紧密联系的农村技能服务型人才培养体系。

（二）大力培养乡村科研人才和技术推广人才

突出培养农业科研人才。适应现代农业发展对科技创新的迫切要求，以培养农业科研领军人才为重点，着力打造科研创新团队，带动农业科技人才队伍全面发展。采取合作共建等方式，支持高等农业院校根据产业发展需求调整优化学科结构，为农业发展输送更多合格的专业人才。充分发挥现代农业产业技术体系、行业科研专项等重大项目凝聚人才、发现人才、培养人才的重要作用，在创新实践中不断增强科研人员的创新能力。继续深化农业科技体制改革，进一步明确农业科研院所的性质定位，增加创新编制数量，稳定和壮大农业科研创新人才队伍。鼓励农业科研院所建立面向社会的科研信息发布和资源共享平台，拓展服务功能。引导农业企业加大科研投入，集聚和培养研发人才，逐步成为农业科技创新主体。落实相关待遇，创造良好条件，以学科建设和产业发展急需紧缺人才为重点，加大海外高层次人才引进力度。大力培养农业技术推广人才。适应发展现代农业对科技成果转化应用的迫切要求，以充实一线、强化服务为重点，大力加强农业技术推广人才队伍建设。加快推进农业技术推广、动植物疫病防控、农产品质量安全监管等基层农业公共服务体系建设，完善乡镇或区域性农技推广服务机构。组织开展农技人员大培训，加快农技推广人才知识更新。积极探索农技推广队伍人员补充机制。组织实施基层农技推广机构特设岗位计划，鼓励和引导高校、职业院校涉农专业毕业生到基层农技推广机构工作。积极发展多元化、社会化农技推广服务组织，以项目为依托，促进农业企业、农民专业合作社、农村专业技术协会与科研院所、高校和职业院校紧密结合，提高农业企业和农民专业合作社、农村专业技术协会的农技推广能力。完善农业技术推广研究员评审办法，引导推广人员面向农业生产一线开展服务。加大农业技术转移人员的培养培训力度，加速科技成果转化为现实生产力。

三、吸引社会人才投身乡村振兴

建立健全激励机制，研究制定完善相关政策措施和管理办法，吸引社会人才投身乡村建设。

（一）吸引外出人员报效桑梓

各地可以建立外出工作人员信息库，开展外出工作人员状况调查。无论是在职、退休人员，打工者还是企业家、创业者或农村老党员、老干部，不论其身份、职位、教育背景、年资阅历，以乡情乡愁为纽带，鼓励支持他们参与乡村振兴。要大力引导他们以投资兴业、援建项目、助学助教、捐资捐物、法律服务等多种方式，反哺故里、报效桑梓。要采取有效措施畅通他们参与乡村振兴的渠道，搭建他们发挥作用的平台。乡镇、村可聘请他们担任村事顾问，共同开展乡村振兴项目。要帮助“告老还乡”的各界人士解决好吃、住、行等问题，为他们发挥余热提供好服务。农业农村部门要会同宣传等部门，总结宣传各界人士反哺故里、报效桑梓的先进事迹，定期选树优秀典型。

（二）大力吸引技术型、项目型人才

鼓励支持吸引海内外企业家、创业者、金融投资业者等各类人才与家乡在现代生态农业、乡村旅游、农业生产和生产性服务业、农产品加工流通等方面开展全方位、多形式的合作，吸引、整合、调动各方资源，推动农村农业投资和科技成果转化。招募的人才可通过投资、技术服务、入股以及招商等形式，共同发展新型农业主体和农村新业态，可在贷款等方面给予政策支持。

（三）鼓励高层次人才投身乡村振兴

建立城乡、区域、校地之间人才培养合作与交流机制。全面建立城市医生、教师、科技文化人员等定期服务乡村机制。鼓励支持高校、科研院所、公立医院等各类高层次人才通过项目合

作、短期工作、专家服务、兼职等形式到基层开展服务活动，将其服务期限视为基层工作经历，将服务基层工作业绩作为专业技术职称评定、岗位聘用的重要依据，贡献特别突出的可破格参评职称。在推荐、选拔百千万人才工程国家级人选、享受国务院政府特殊津贴专家等人选时，向在乡村基层推广应用新技术、新成果且取得显著的经济、社会效益的高层次人才倾斜。

（四）实施高校基层成长计划

继续实施“三区”（边远贫困地区、边疆民族地区和革命老区）人才支持计划，深入推进大学生村官工作，因地制宜实施“三支一扶”、高校毕业生基层成长等计划，开展乡村振兴“巾帼行动”“青春建功行动”。构建引导和鼓励高校毕业生到基层工作的长效机制。加大高校毕业生“三支一扶”计划招募力度。全面落实好高校毕业生“三支一扶”计划相关政策，将符合条件的优先推荐纳入高校毕业生基层成长计划后备人才库。专门为乡村发展引进优秀高校毕业生，并配套相应的培养支持政策。鼓励支持高校毕业生返乡创业，对创办企业的，要尽量简化程序、手续，并给予创业扶持政策。

第三节　加强乡村振兴用地保障

土地是稀缺资源，耕地是我国最为宝贵的资源，更是数以亿计农民的安身立命之本。实施乡村振兴战略，要实行最严格的耕地保护制度，在坚守土地公有制性质不改变、耕地红线不突破、农民利益不受损三条底线的前提下，完善农村土地利用管理政策体系，盘活存量，用好流量，辅以增量，激活农村土地资源资产，保障乡村振兴用地需求。

一、完善农村土地管理制度

总结农村土地征收、集体经营性建设用地入市、宅基地制度改革试点经验，逐步扩大试点。建立健全依法公平取得、节约集约使用、自愿有偿退出的宅基地管理制度。在符合规划和用途管制的前提下，赋予农村集体经营性建设用地出让、租赁、入股权能，明确入市范围和途径。建立集体经营性建设用地增值收益分配机制。

（一）大力推进房地一体调查

各地要推进农村房地一体的不动产权籍调查工作，查清每宗宅基地、集体建设用地的权属、界址、位置、面积、用途及农房等地上建筑物、构筑物的基本情况，并建立数据库，为农村房地一体确权登记提供基础支撑。对于“一户多宅”、超面积占地或没有土地权属来源材料的宅基地和集体建设用地，要在“遵照历史、照顾现实、依法依规、公平合理”原则的基础上，按照《国土资源部关于进一步加快宅基地和集体建设用地确权登记发证有关问题的通知》的相关规定予以妥善处理，依法办理房地一体的不动产登记手续，切实维护农村群众合法权益，为实施乡村振兴战略提供产权保障和融资条件。有条件的地方在乡镇建立不动产登记服务站，将不动产登记业务向下延伸，实现就近就地登记发证。

（二）统筹推进农村土地征收制度、集体经营性建设用地入市、宅基地制度改革

要始终把维护好、实现好、发展好农民权益作为出发点和落脚点，坚持土地公有制性质不改变、耕地红线不突破、农民利益不受损三条底线，在试点基础上有序推进。平衡好国家、集体、个人三者利益，探索土地增值收益分配机制，增加农民土地财产

性收益，形成可复制、可推广的制度性成果。在落实宅基地集体所有权、保障宅基地农户资格权和农民房屋财产权、适度放活宅基地和农民房屋使用权的情况下，鼓励有条件的地方结合实际，积极探索农村宅基地所有权、资格权、使用权“三权分置”，落实宅基地集体所有权，保障宅基地农户资格权和农民房屋财产权，适度放活宅基地和农民房屋使用权。

（三）推进利用集体建设用地建设租赁住房试点

利用集体建设用地建设租赁住房，有助于拓展集体土地用途，拓宽集体经济组织和农民增收渠道。鼓励试点地区村镇集体经济组织自行开发运营，也可以通过联营、入股等方式建设运营集体租赁住房。兼顾政府、农民集体、企业和个人利益，厘清权利义务关系，平衡项目收益与征地成本关系。完善合同履约监管机制，土地所有权人和建设用地使用权人、出租人和承租人依法履行合同和登记文件中所载明的权利和义务。试点城市国土资源部门要优化用地管理环节，对宗地供应计划、签订用地合同、用地许可、不动产登记、项目开竣工等环节实行全流程管理。通过改革试点，在试点城市成功运营一批集体租赁住房项目，完善利用集体建设用地建设租赁住房规则，形成一批可复制、可推广的改革成果，为构建城乡统一的建设用地市场提供支撑。

二、完善农村新增用地保障机制

统筹农业农村各项土地利用活动，乡镇土地利用总体规划可以预留一定比例的规划建设用地指标，用于农业农村发展。根据规划确定的用地结构和布局，年度土地利用计划分配中可安排一定比例新增建设用地指标专项支持农业农村发展。对于农业生产过程中所需各类生产设施和附属设施用地，以及由于农业规模经营必须兴建的配套设施，在不占用永久基本农田的前提下，纳入设施农用地管理，实行县级备案。鼓励农业生产与村庄建设用地复合利用，发展农村新产业新业态，拓展土地使用功能。

（一）发挥土地利用总体规划的引领作用

各地区在编制和实施土地利用总体规划中，要适应现代农业和农村产业融合发展需要，优先安排农村基础设施和公共服务用地，乡（镇）土地利用总体规划可以预留一定比例规划建设用地指标，用于零星分散的单独选址农业设施、乡村旅游设施等建设。做好农业产业园、科技园、创业园用地安排，在确保农地农用的前提下，引导农村第二、第三产业向县城、重点乡镇及产业园区等集聚，合理保障农业产业园区建设用地需求，严防变相搞房地产开发的现象出现。省级国土资源主管部门制定用地控制标准，加强实施监管。

（二）因地制宜编制村土地利用规划

在充分尊重农民意愿的前提下，组织有条件的乡镇，以乡镇土地利用总体规划为依据，以“不占用永久基本农田、不突破建设用地规模、不破坏生态环境和人文风貌”与“控制总量、盘活存量、用好流量”为原则，开展村土地利用规划编制工作，科学安排农业生产、村庄建设、产业发展和生态保护等用地。乡村振兴、土地整治和特色景观旅游名镇名村保护的地方及建档立卡贫困村，应优先组织编制村土地利用规划。村土地利用规划应引导村民委员会全程参与，充分发挥村民自治组织作用。

（三）鼓励土地复合利用

支持各地结合实际探索土地复合利用，建设田园综合体，发展休闲农业、乡村旅游、农业教育、农业科普、农事体验、乡村养老院等产业，因地制宜拓展土地使用功能。

三、盘活农村存量建设用地

（一）完善农民闲置宅基地和闲置农房政策

在符合土地利用总体规划的前提下，允许县级政府通过村土地利用规划调整优化村庄用地布局，有效利用农村零星分散的存量建设用地。对利用收储农村闲置建设用地发展农村新产业新业态的，给予新增建设用地指标奖励。

（二）积极盘活集体经营性建设用地

依法办理了用地审批手续的新增集体经营性建设用地，以及原依法取得的存量集体经营性建设用地，在符合土地利用总体规划和城乡规划的前提下，可以依法采取出租、作价出资入股等方式流转使用，用于农产品加工、农产品冷链、物流存储、产地批发市场等农村产业链项目建设或小微创业园、休闲农业、乡村旅游、农村电商等第二、第三产业，不得用于房地产开发。对利用存量建设用地发展农村新产业新业态成效突出的市、县，给予新增建设用地计划指标奖励。

（三）有序规范多种形式合作建房

在符合“一户一宅”等农村宅基地管理规定和相关规划、尊重农民意愿前提下，鼓励各地探索以宅基地使用权及农房财产权入股发展农宅合作社，允许返乡下乡人员和当地农民合作改建自住房，或下乡租用农村闲置房用于返乡养老或开展经营性活动，但严禁违法违规买卖农村宅基地，严禁下乡利用农村宅基地建设别墅大院和私人会馆。

（四）拓展设施农用地范围

在设施农业项目区域内，直接用于农产品生产用地；直接用于设施农业项目的辅助生产的附属设施用地；农业专业大户、家庭农场、农民合作社、农业企业、社会化服务组织等，从事规模化粮食生产所必需的配套设施用地（如晾晒场、粮食果品烘干设施、粮食和农资临时存放场所、大型农机具临时存放场所等），纳入设施农用地管理，不办理农用地转用和征收审批，设施农用地不得占用基本农田。

（五）深入推进旧村复垦工作

对规划确定的村庄建设和产业发展区以外的空心村、空心房等低效利用的建设用地以及工矿废弃地，有序实施农村建设用地复垦工作。拓宽旧村复垦项目实施范围，允许将小规模地块开展旧村复垦，复垦新增耕地计入城乡建设用地增减挂钩指标。

第四节　健全多元投入保障机制

健全投入保障制度，完善政府投资体制，充分激发社会投资的动力和活力，加快形成财政优先保障、社会积极参与的多元投入格局。

一、继续坚持财政优先保障

建立健全实施乡村振兴战略财政投入保障制度，明确和强化各级政府“三农”投入责任，公共财政更大力度向“三农”倾斜，确保财政投入与乡村振兴目标任务相适应。规范地方政府举债融资行为，支持地方政府发行一般债券用于支持乡村振兴领域公益性项目，鼓励地方政府试点发行项目融资和收益自平衡的专项债券，支持符合条件、有一定收益的乡村公益性建设项目。加大政府投资对农业绿色生产、可持续发展、农村人居环境、基本公共服务等重点领域和薄弱环节支持力度，充分发挥投资对优化供给结构的关键性作用。充分发挥规划的引领作用，推进行业内资金整合与行业间资金统筹相互衔接配合，加快建立涉农资金统筹整合长效机制。强化支农资金监督管理，提高财政支农资金使用效益。

二、提高土地出让收益用于农业农村比例

开拓投融资渠道，健全乡村振兴投入保障制度，为实施乡村振兴战略提供稳定可靠的资金来源。坚持取之于地，主要用之于农的原则，制定调整完善土地出让收入使用范围、提高农业农村投入比例的政策性意见，所筹集资金用于支持实施乡村振兴战略。改进耕地占补平衡管理办法，建立高标准农田建设等新增耕地指标和城乡建设用地增减挂钩节余指标跨省域调剂机制，将所得收益通过支出预算全部用于巩固脱贫攻坚成果和支持实施乡村振兴战略。

三、引导和撬动社会资本投向农村

优化乡村营商环境，加大农村基础设施和公用事业领域开放力度，吸引社会资本参与乡村振兴。规范有序盘活农业农村基础设施存量资产，回收资金主要用于补短板项目建设。继续深化“放管服”改革，鼓励工商资本投入农业农村，为乡村振兴提供综合性解决方案。鼓励利用外资开展现代农业、产业融合、生态修复、人居环境整治和农村基础设施等建设。推广一事一议、以奖代补等方式，鼓励农民对直接受益的乡村基础设施建设投工投劳，让农民更多参与建设管护。

第五节　加大金融支农力度

健全适合农业农村特点的农村金融体系，把更多金融资源配置到农村经济社会发展的重点领域和薄弱环节，更好地满足乡村

振兴多样化金融需求。

一、健全金融支农组织体系

坚持农村金融改革发展的正确方向，健全适合农业农村特点的农村金融体系，推动农村金融机构回归本源，把更多金融资源配置到农村经济社会发展的重点领域和薄弱环节，更好地满足乡村振兴多样化金融需求。

（一）鼓励开发性、政策性金融机构在业务范围内为乡村振兴提供中长期信贷支持

国家开发银行要按照开发性金融机构的定位，充分利用服务国家战略、市场运作、保本微利的优势，加大对乡村振兴的支持力度，培育农村经济增长动力。中国农业发展银行要坚持农业政策性银行职能定位，提高政治站位，在粮食安全、脱贫攻坚等重点领域和关键薄弱环节发挥主力和骨干作用。

（二）加大商业银行对乡村振兴支持力度

中国农业银行要强化面向“三农”、服务城乡的战略定位，进一步改革完善“三农”金融事业部体制机制，确保县域贷款增速持续高于全行平均水平，积极实施互联网金融服务“三农”工程，着力扩大农村金融服务覆盖面，提高信贷渗透率。中国邮政储蓄银行要发挥好网点网络优势、资金优势和丰富的小额贷款专营经验，坚持零售商业银行的战略定位，以小额贷款、零售金融服务为抓手，突出做好乡村振兴领域中农户、新型经营主体、中小企业、建档立卡贫困户等小微普惠领域的金融服务，完善“三农”金融事业部运行机制，加大对县域地区的信贷投放，逐步提高县域存贷比并保持在合理范围内。股份制商业银行和城市商业银行要结合自身职能定位和业务优势，突出重点支持领域，围绕扩大基础金融服务覆盖面、推动城乡资金融通等乡村振兴的

重要环节，积极创新金融产品和服务方式，打造综合化、特色化乡村振兴金融服务体系。

（三）强化农村中小金融机构支农主力军作用

农村信用社、农村商业银行、农村合作银行要坚持服务县域、支农支小的市场定位，保持县域农村金融机构法人地位和数量总体稳定。积极探索农村信用社省联社改革路径，理顺农村信用社管理体制，明确并强化农村信用社的独立法人地位，完善公司治理机制，保障股东权利，提高县域农村金融机构经营的独立性和规范化水平，淡化农村信用社、省联社在人事、财务、业务等方面的行政管理职能，突出专业化服务功能。村镇银行要强化支农支小战略定力，向乡镇延伸服务触角。县域法人金融机构资金投放使用应以涉农业务为主，不得片面追求高收益。要把防控涉农贷款风险放在更加重要的位置，提高风险管控能力。

二、创新金融支农产品和服务

要强化金融服务方式创新，防止脱实向虚倾向，严格管控风险，提高金融服务乡村振兴的能力和水平。

（一）积极拓宽农业农村抵质押物范围

发展厂房和大型农机具抵押、圈舍和活体畜禽抵押、动产质押、仓单和应收账款质押、农业保单融资等信贷业务，依法合规推动形成全方位、多元化的农村资产抵质押融资模式。积极稳妥开展林权抵押贷款，探索创新抵押贷款模式。鼓励企业和农户通过融资租赁业务，解决农业大型机械、生产设备、加工设备购置更新资金不足的问题。

（二）创新金融机构内部信贷管理机制

各涉农银行业金融机构要单独制定涉农信贷年度目标任务，并在经济资本配置、内部资金转移定价、费用安排等方面给予一定倾斜。完善涉农业务部门和县域支行的差异化考核机制，落实涉农信贷业务的薪酬激励和尽职免责。适当下放信贷审批权限，推动分支机构尤其是县域存贷比偏低的分支机构，加大涉农信贷投放。在商业可持续的基础上简化贷款审批流程，合理确定贷款的额度、利率和期限，鼓励开展与农业生产经营周期相匹配的流动资金贷款和中长期贷款等业务。

（三）推动新技术在农村金融领域的应用和推广

规范互联网金融在农村地区的发展，积极运用大数据、区块链等技术，提高涉农信贷风险的识别、监控、预警和处置水平。加强涉农信贷数据的积累和共享，通过客户信息整合和筛选，创新农村经营主体信用评价模式，在有效做好风险防范的前提下，逐步提升发放信用贷款所占的比重。鼓励金融机构开发针对农村电商的专属贷款产品和小额支付结算功能，打通农村电商资金链条。

（四）完善“三农”绿色金融产品和服务体系

完善绿色信贷体系，鼓励银行业金融机构加快创新“三农”绿色金融产品和服务，通过发行绿色金融债券等方式，筹集资金用于支持污染防治、清洁能源、节水、生态保护、绿色农业等领域，助力打好污染防治攻坚战。加强绿色债券后续监督管理，确保资金专款专用。

三、完善金融支农激励政策

继续通过奖励、补贴、税收优惠等政策工具支持“三农”金融服务。发挥再贷款、再贴现等货币政策工具的引导作用，将乡村振兴作为信贷政策结构性调整的重要方向。完善农村金融差异化监管体系，合理确定金融机构发起设立和业务拓展的准入门槛。守住不发生系统性金融风险的底线，强化地方政府金融风险防范处置责任。

（一）加大货币政策支持力度

发挥好差别化存款准备金工具的正向激励作用，引导金融机构加强对乡村振兴的金融支持。加大再贷款、再贴现支持力度。根据乡村振兴金融需求合理确定再贷款的期限、额度和发放时间，提高资金使用效率。加强再贷款台账管理和效果评估，确保支农再贷款资金全部用于发放涉农贷款，再贷款优惠利率政策有效传导至涉农经济实体。

（二）发挥财政支持撬动作用

更好地发挥县域金融机构涉农贷款增量奖励等政策的激励作用，引导县域金融机构将吸收的存款主要投放到当地。健全农业信贷担保体系，推动农业信贷担保服务网络向市县延伸，扩大在保贷款余额和在保项目数量。充分发挥国家融资担保基金作用，引导更多金融资源支持乡村振兴。落实金融机构向农户、小微企业及个体工商户发放小额贷款取得的利息收入免征增值税政策。鼓励地方政府通过财政补贴等措施支持农村地区尤其是贫困地区支付服务环境建设，引导更多支付结算主体、人员、机具等资源投向农村贫困地区。

（三）完善差异化监管体系

适当放宽“三农”专项金融债券的发行条件，取消“最近两年涉农贷款年度增速高于全部贷款平均增速或增量高于上年同期水平”的要求。适度提高涉农贷款不良容忍度，涉农贷款不良率高出自身各项贷款不良率年度目标 2 个百分点（含）以内的，可不作为银行业金融机构内部考核评价的扣分因素。

（四）推动完善农村金融改革试点相关法律和规章制度

配合乡村振兴相关法律法规的研究制定，研究推动农村金融立法工作，强化农村金融法律保障。结合农村承包土地的经营权和农民住房财产权抵押贷款试点经验，推动修改和完善《农村土地承包法》等法律法规，使农村承包土地的经营权和农民住房财产权抵押贷款业务有法可依。

四、加大金融对重点领域和薄弱环节的支持力度

要切实提高金融资金的使用效益，加大金融资源向重点领域和薄弱环节的倾斜力度，为破解乡村振兴难题提供强大支撑。

（一）不断加大金融精准扶贫力度

加大对建档立卡贫困户的扶持力度，用好用足扶贫小额信贷、农户小额信用贷款、创业担保贷款、助学贷款、康复扶贫贷款等优惠政策，满足建档立卡贫困户生产、创业、就业、就学等合理贷款需求。推动金融扶贫和产业扶贫融合发展，按照穿透式原则，建立金融支持与企业带动贫困户脱贫的挂钩机制。

（二）为保障国家粮食安全做好金融服务

以国家确定的粮食生产功能区、重要农产品生产保护区和特色农产品优势区为重点，创新投融资模式，加大对高标准农田建设和农村土地整治的信贷支持力度，推进农业科技与资本有效对接，持续增加对农业科技创新和成果转化的投入。结合粮食收储制度及价格形成机制的市场化改革，支持中国农业发展银行做好政策性粮食收储工作，探索支持多元市场主体进行市场化粮食收购的有效模式。

（三）支持农村一二三产业融合发展

积极满足农田水利、农业科技研发、高端农机装备制造、农产品加工业、智慧农业产品技术研发推广、农产品冷链仓储物流及烘干等现代农业重点领域的合理融资需求，促进发展节水农业、高效农业、智慧农业、绿色农业。支持农业产业化龙头企业及联合体发展，延伸农业产业链，提高农产品附加值。充分发掘

地区特色资源，支持探索农业与旅游、养老、健康等产业融合发展的有效模式，推动休闲农业、乡村旅游、特色民宿和农村康养等产业发展。加大对现代农业产业园、农业产业强镇等的金融支持力度，推动产村融合、产城融合发展。

（四）重点做好新型农业经营主体和小农户的金融服务

针对不同主体的特点，建立分层分类的农业经营主体金融支持体系。鼓励家庭农场、农民合作社、农业社会化服务组织、龙头企业等新型农业经营主体通过土地流转、土地入股、生产性托管服务等多种形式实现规模经营，探索完善对各类新型农业经营主体的风险管理模式，增强金融资源承载力。鼓励发展农业供应链金融，将小农户纳入现代农业生产体系，强化利益联结机制，依托核心企业提高小农户和新型农业经营主体融资可得性。支持农业生产性服务业发展，推动实现农业节本增效。

（五）做好农村产权制度改革金融服务

配合农村土地制度改革和农村集体产权制度改革部署，加快推动确权登记颁证、价值评估、交易流转、处置变现等配套机制建设，积极稳妥推广农村承包土地的经营权抵押贷款业务，结合宅基地“三权分置”改革试点，开展农民住房财产权抵押贷款业务，推动集体经营性建设用地使用权、集体资产股份等依法合规予以抵押，促进农村土地资产和金融资源的有机衔接。结合农村集体经济组织登记赋码工作进展，加大对具有独立法人地位、集体资产清晰、现金流稳定的集体经济组织的金融支持力度。

五、营造良好的农村金融生态环境

不断改善农村金融服务。基本实现乡镇金融机构网点全覆盖，数字普惠金融在农村得到有效普及。农村支付服务环境持续改善，银行卡助农取款服务实现可持续发展，移动支付等新兴支付方式在农村地区得到普及应用。农村信用体系建设持续推进，农户及新型农业经营主体的融资增信机制显著改善。

（一）在可持续的前提下全面提升农村地区支付服务水平

大力推动移动支付等新型支付方式的应用和普及，鼓励和支持各类支付服务主体到农村地区开展业务，积极引导移动支付便民工程全面向乡村延伸，推广适应农村农业农民需要的移动支付等新型支付产品。推动银行卡助农取款服务规范可持续发展，鼓励支持助农取款服务与信息进村入户、农村电商、城乡社会保障等合作共建，提升服务点网络价值。推动支付结算服务从服务农民生活向服务农业生产、农村生态有效延伸，不断优化银行账户服务，加强风险防范，持续开展宣传，促进农村支付服务环境建设可持续发展。

（二）加快推进农村信用体系建设

按照政府主导、各方参与、服务社会的整体思路，全面开展信用乡镇、信用村、信用户创建活动，发挥信用信息服务农村经济主体融资功能。强化部门间信息互连互通，推行守信联合激励和失信联合惩戒机制，不断提高农村地区各类经济主体的信用意识，优化农村金融生态环境。稳步推进农户、家庭农场、农民合作社、农业社会化服务组织、农村企业等经济主体电子信用档案建设，多渠道整合社会信用信息，完善信用评价与共享机制，促进农村地区信息、信用、信贷联动。

（三）强化农村地区金融消费权益保护

深入开展“金惠工程”“金融知识普及月”等金融知识普及活动，实现农村地区金融宣传教育全覆盖。加大金融消费权益保护宣传力度，增强农村金融消费者的风险意识和识别违法违规金融活动的能力。规范金融机构业务行为，加强信息披露和风险提示，畅通消费者投诉的处理渠道，构建农村地区良好的金融生态环境。

第十章 乡村振兴发展模式案例

第一节 “三融合”发展模式——浙江德清模式

近年来，浙江省德清县立足实际，根据乡村发展的优势条件和发展特点，探索独具特色的“融合发展德清模式”，包含“产业融合”“产村融合”“城乡融合”3 个层次。即通过绿色化转型、数字化提升，拉长特色产业链，实现“产业融合”；通过以产兴村、以村促产，破解产业升级、村庄经营难题，实现“产村融合”；通过改革破壁垒、服务一体化，推动城乡互促共进，实现“城乡融合”。

1. 突出旅游经济发展

依托名山、湿地、古镇等自然资源，充分发挥集体自然风光、民俗风情、农业产业、地理位置等优势，结合美丽乡村建设，大力推进村庄景区化建设。积极发展现代高效生态等休闲观光农业、休闲旅游、民宿等乡村旅游项目。

2. 突出资源要素配置

紧紧围绕“富民强村”这一核心，有效整合资金、土地、人力等要素资源。2015 年起，德清县以农村集体经营性建设用地入市改革试点为契机，全面激活农村产权收益；同时，充分发挥乡贤参事会“优化资源配置，凝聚人心人力”的作用。

3. 引进数字技术赋能

将数字技术与乡村实体经济深度融合，不断催生新业态、新动能。如推动生产智能转型，推动业态“链上嫁接”。此外，还通过数字技术打造可视化治理体系，构建“数字乡村一张图”。

第二节　城乡一体化模式
——湖南“浔龙河”生态模式

早在2012年，湖南省长沙县浔龙河村带头人柳中辉开始打造生态艺术小镇项目，并被列入长沙县城乡一体化试点示范目录。项目从盘活乡村资源和促进民生两部分入手，率先破题城乡发展瓶颈，形成了以教育产业为核心、生态产业为基础、文旅产业为抓手、康养产业为配套，四大特色产业有机结合、相容并生的产业布局。这种模式的基本思路：通过推动土地集中流转、环境集中治理、村民集中居住的“三集中”，实现村民的就地城镇化；通过土地改革和混合运营，发展生态、文化、教育、旅游、康养五大产业，推动农民致富增收，逐步实现了乡村振兴“产业兴旺、生态宜居、乡风文明、治理有效、生活富裕”的发展目标。

1. 土地确权

成立土地产权调查小组，邀请专业的测绘队进行勘测，对村民组的四界范围、林地、耕地以及塘坝、河流、道路等公共用地进行测量确认。土地确权登记，有效解决农村集体土地权属纠纷。对农民的土地权利进行确权颁证，使其变为可交易、可转让的资产。

2. 发展产业

产业是浔龙河可持续发展的根本动力。浔龙河抓住长沙近郊农村独特的地缘优势，兼顾农业、农村、农民利益，统筹生态、文化与小城镇建设，布局生态产业、文化、教育、旅游和康养产业。产业之间形成了互为依托、相互促进的互动关系，生态产业、文化产业、教育为基础产业。

第三节　“七化”发展模式
——山东寿光模式

山东省寿光市围绕产业的标准化、园区化、品牌化、职业化、市场化以及乡村宜居化、公共服务均等化方面，打造乡村振兴“寿光模式”。

1. 产业标准化

部省共建的全国蔬菜质量标准中心落户寿光，成立了 4 名院士领衔的 67 名专家团队，启动了 118 项国家标准、行业标准、地方标准研制工作。

2. 农业园区化

自 2018 年以来，寿光市建设了占地 3 万多亩的 18 个现代农业园区，大力推进蔬菜产业的转型升级，一个大棚就是一个“绿色车间”，一个园区就是一个“绿色工厂”。

3. 农产品品牌化

“寿光蔬菜”成功注册为地理标志集体商标，粤港澳大湾区“菜篮子”产品配送分中心落户寿光，以寿光蔬菜为核心的千亿级蔬菜产业集群成功入选全国首批 50 个特色农产品优势产业集群。打造了“七彩庄园”“寿光农发”等一批企业品牌以及“乐义蔬菜”“金彩益生”等一批蔬菜单体品牌，国家地理标志产品达到 16 个。

4. 新型职业化

寿光市积极培育新型职业化农民，开展了 30 万农民科技大培训，吸引了一批 80 后、90 后青年人才回乡创业。

5. 经营市场化

寿光市拓展市场化经营体系，市场带动是“寿光模式”的突出特点，在用好农产品物流园等传统市场的同时，主动适应新冠肺炎疫情防控形势下农产品销售由线下向线上转移的新趋势，与阿里、京东、拼多多、字节跳动等全面合作，通过线上渠道销售的蔬菜占比大幅度提升。

6. 乡村宜居化

2019 年，寿光市全面启动“美丽乡村”暨农村人居环境综合提升三年行动，设立专项奖补资金；坚持把基础设施建设的重点放在农村，全面实施农村厕所、道路、供暖、供气、污水处理等“十改”工程，不断推进乡村绿化工作。在全省率先实现城乡环卫一体化全覆盖。通过坚持绿色发展道路，寿光着力打造了一个山清水秀、村美人和的田园村庄。

7. 公共服务均等化

寿光市还加快推进城乡公共服务均等化，如推动公共文化服务均等化、标准化建设，打通公共文化服务“最后一公里”。完善以市级公共文化设施为龙头、镇街综合性文化服务中心为纽带、村（社区）综合性文化服务中心为依托的三级公共文化服务网络体系，形成以城区文化辐射带动农村，以农村文化丰富反哺城区的城乡公共文化服务，让城乡居民同享“文化阳光”。

第四节　田园综合体发展模式
——河北迁西“花乡果巷”模式

河北省唐山市迁西县“花乡果巷”特色小镇乡村振兴示范区建设，打造以生态为依托、旅游为引擎、文化为支撑和市场为导向的国家级田园综合体。建设生态优良的山水田园，百花争艳的多彩花园，硕果飘香的百年果园，欢乐畅享的醉美游园，群众安居乐业的祥福家园。

1. 推进一产现代化发展

依托水杂果良好的种植基础，打造果品全产业链发展模式，包括水杂果产业种植、果品生产加工、冷库仓储物流、市场交易集散、果品展览展销会，建立产业新村。

2. 推进农文旅产业融合

打造“新六产”乡村发展新业态，重点打造 6 个层次的乡村文旅产业：乡村景观、乡村休闲、乡村度假、乡村产业、乡村娱乐、乡村联动，实现乡村传统产业的转型升级和产业结构的重构。对 22 个村庄进行分类发展指引，构建乡村+旅游、特色产业、研学、交通、电商、度假、康养、体育、艺术、便民十大类型。

3. 推进村容村貌整治

按照乡村振兴生态宜居的要求，通过垃圾专项治理、农村污水处理、农村厕所革命、生态环境保护等措施，提升村容村貌。

4. 推进乡村振兴赋能

一方面，通过科技赋能。在示范区全面开展智慧生活、智慧生产、智慧服务、智慧管理，打造智慧乡村。另一方面，通过教育培训赋能。制订花乡果巷振兴学堂和开展小花小果能工计划，旨在打造成为京津冀乡村振兴的研讨高地、培训高地、实践高地。

第五节　产业振兴“抱团发展”模式——辽宁盘锦模式

近些年，辽宁省盘锦市以建设盘锦乡村振兴产业园为突破口，把建设优势转化为产业优势，将盘锦市打造成了一个产业振兴的平台载体，变投入为产出，走出乡村建设示范、产业振兴输出的“盘锦模式”。

1. 打造生态品牌

该市农业特色鲜明，充分发挥区域优势，按照“打生态牌、走精品路，实施产业化经营”的发展思路，大力发展水稻、河蟹、棚菜、鸭子特色生态农业。

2. 打造特色产业

着力打造农业产业化，扶持壮大了一批龙头企业。盘锦鸭子、盘锦大米、盘锦河蟹、盘锦棚菜等农业特色产业得到迅速发展。形成了“市场牵龙头、龙头带基地、基地连农户”的产业化经营格局。目前，盘锦成为北方最大的粮食、河蟹专业市场。

3. 打造“休闲旅游+农业”

依托农村田园风光、乡土文化等资源，采取政府推动、社会参与、市场运作的办法，发展集种植养殖、农事体验、休闲观光、文化传承等于一体的各具特色的生态休闲观光农业，把种庄稼变为“种风景”，实现农区变景区，田园变公园，促进传统农业向现代观光型休闲农业转型。

4. 打造高科技“5G”农业

借助5G+AI精准种植养殖、5G+无人机植保、人工智能病虫害智能诊断，提高农业生产水平，打造高效农业。

第六节　全产业链模式
——四川崇州“天府良仓”模式

四川省成都市崇州市围绕打造“水稻+”产业链，形成农商文旅跨界融合发展模式。围绕种植一棵稻（水稻种植优化）、做精一粒米（水稻精深加工）、做旺一个家（稻乡田园生活）、落实一个梦（乡村振兴大计，美丽乡愁梦想）展开。

1. 水稻种植优化

通过与高校及社会水稻科研机构合作，共同开发、科研育种，以优化种子筛选培育；结合农业科技推动高标准农田建设；与农民建立合作模式，通过培训、引导建立职业农民培养科学种植方式，在区域内布局农业社会化服务网点以建立就地服务体系，建立烘储物流体系等产业路径以强化种植环节。

2. 水稻精深加工

建立水稻粗加工、精深科技加工产品体系及水稻周边加工产品体系；建立一套从餐桌到田间的质量可追溯系统以保障产品品质；建立品质大米标准体系。

3. 建设大数据运营平台

与农业农村部信息进村入户项目运营商——北京奥科美技术服务有限公司合作，建设“天府好米”大数据运营平台。

4. 打造一体化田园综合体

依托川西林盘打造，盘活农村集体建设用地，立足“稻田+”农创体验，建设集国际竹稻艺术中心、稻作文化博览园、稻作文创集聚区等项目为一体的田园综合体。

第七节　旅游与农业融合模式——贵州“三变”模式

贵州省的舍亨村，立足旅游资源，实施产业富村、商贸活村、生态立村、旅游兴村、科技强村，建设农耕文化园、百草园和百花园、现代农业科技展示园，提升农业产业观赏性、体验性和科普性，实现了农业与旅游业的深度融合。

舍亨村农民企业家陶正学，于2012年成立种植养殖农民合作社；后又成立了高原湿地生态农业旅游开发公司。通过合作社和旅游开发公司，舍亨村及周边村的荒山、河流、洞穴、森林、河滩、自然风光和土地等，被量化成集体和村民的资产，再整合闲散资金和财政扶贫资金变成了村民和集体的股金。凭借自然条件优势，引进经济发达地区企业投入资本和技术，成立村级农民专业合作社，共同开发村庄资源，因地制宜发展村级经济。如农家旅馆、农家饭店和特色种植养殖。

舍亨村的这种旅游与农业融合模式，被专家们总结经验为"三变模式"。即资源变资产、资金变股金、农民变股东。这种模式有利于吸引人才集聚和资源集聚，解决农民就业实现共同富裕，最终实现"三产融合"。

第八节 "党建+"特色模式
——安徽省"岳西模式"

安徽省岳西县位于大别山腹地，皖西南边陲，是革命老区。近年来，以党建为引领，加强农村信用体系建设，充分发挥红色教育基地资源，将扶贫与乡村振兴有机结合，因地制宜，走出了一条"党建+"一体化老区振兴特色模式。

1. 党建引领信用村建设

按照安徽省委组织部统一部署要求，依靠基层党组织，建立乡村信用评价体系，为引入资金注入乡村振兴奠定信用基础。加强与金融机构合作，开展农户信息采集、建立信用档案以及进行信用等级评定。金融机构根据农户信用等级批量给予符合要求的信用户额度授信，发放信用村建设贷款。

2. 发展特色产业

突出大健康、大旅游、大数据、大农业四大产业的发展，大力发展特色产业。打造“一村一品”“一村多品”产业发展格局。以“富裕党员、合作社、公司等+贫困户”方式发展特色产业。

3. 打造智慧农村

充分运用现代农业科技，积极推广智慧化农机、病虫害远程诊断、农用航空、精准灌溉等新技术，实现农业生产的在线监测、精准作业和数字化管理。

4. 打造研学旅游项目

依托独特的老区资源，打造以红色文化传承、军事文化体验、国防民防科普为主题的文旅项目，以此带动休闲民宿康养发展。

第九节　“五位一体”模式
——河南省“孟津模式”

河南省孟津县作为河南省粮食核心区、现代农业示范区、实施乡村振兴战略省级示范县，近年来打造了一种具有区域特色的乡村振兴模式。

1. 农旅融合发展

充分发挥现代农业资源和都市近郊优势，大力整合农业园区、田园风光、黄河湿地、经济作物等旅游资源，深化农旅、文旅融合发展。如打造孟扣路果蔬产业集聚群、小浪底专用线高效特色农业观光带，以及“多彩长廊”国家级田园综合体建设等。

2. 吸引乡土人才

孟津县充分利用县职教中心、各镇党校、各村“三新”大讲堂、党员教育培训基地、农业技术推广中心等教育资源，开展以实用技术为主的技术培训，尤其注重加强新型职业农民和新型经营主体培训，已成为孟津带动农民增收致富的生力军。此外，县政府还专门出台了《孟津县农民工返乡创业工作实施方案》等文件，从准入、税收、土地、融资、激励、环境等方面，制定了灵活有效的政策措施，有针对性扶持返乡农民工创业。

3. 打造乡土文化品牌

孟津县以乡愁、乡情、乡望为主题，集中展示河洛地区知名古建筑、古文化、古风俗、古技艺等，弘扬农耕文化和中原文明。大力发展乡村特色文化产业，如牡丹画产业等；还深入挖掘剪纸、杂耍、书画、戏曲等民间艺术、民俗活动等。

4. 改善人居环境

近年来，孟津县通过开展垃圾清零、一村万树、厕所革命、拆违治乱等工作，使乡村生活环境得到了很大的改观，打造出了设施完善、整洁干净、生态宜居的美丽乡村。

5. 党建引领乡村治理

该县不断探索党建引领的乡村治理体系，初步构建了共建共治共享的乡村治理格局，打通了为群众服务的“最后一公里”，同时也叫响做实了“有困难找党员、要服务找支部”服务品牌。

第十节 “微工厂”就业模式——河北省“魏县”模式

河北魏县铸造“联合战舰”，共御帮扶车间及微工厂经营风险。脱贫攻坚期，魏县立足产业就业全覆盖，成功打造了被誉为全国脱贫攻坚“第一计”的“扶贫微工厂”。过渡期，为持续强化产业就业帮扶基础支撑，坚持改革理念，不断推陈出新，通过成立“加工合作社”，强化资源整合、利益捆绑，不仅成功破解了常态化新冠肺炎疫情防控下帮扶车间及微工厂销路难、易闲置等不良倾向，也让农村留守妇女“家门口”就业的“饭碗”端得更稳、更牢。

1. 一线调研摸实情

2021年换届以来，县委、县政府主要领导带头遍访22个乡镇（街道），并将常态化疫情防控下帮扶车间及微工厂的生产运营作为重要内容。调研发现，受疫情等因素影响，部分帮扶车间和微工厂呈现信息不对称、资源不共享，订单接收难、市场销售难，工厂闲置等“两不两难一闲置”等问题倾向。

2. 集体研判求突破

在掌握影响和制约全县帮扶车间及微工厂发展壮大的“第一手资料”后，县委、县政府科学研判、统筹谋划，召开巩固拓展脱贫攻坚成果领导小组会议，研究决定成立“魏县‘实打实’帮扶微工厂合作社”，秉承“抱团”发展理念，让单丝汇成线，独木聚成林。

3. 重塑模式御风险

围绕如何降低原材料价格、减少运输成本、避免资源闲置等问题，经县委主要领导提议，集体研究决定，“合作社”实行发布信息、接收订单、设计标准、原料供应、市场销售“五统一”模式，以此合力抵御生产经营及市场变化等各类风险，推动实现健康有序发展。

参考文献

白雪秋，聂志红，黄俊立，2018. 乡村振兴与中国特色城乡融合发展 [M]. 北京：国家行政学院出版社.

韩洁，胡志全，2016. 加快构建新型农业经营体系 [M]. 北京：中国农业科学技术出版社.

齐亚菲，2017. 农业产业化发展读本 [M]. 北京：中国建材工业出版社.

孙鹤，2020. 乡村振兴战略实践路径 [M]. 北京：社会科学文献出版社.

王海燕，2020. 新时代中国乡村振兴问题研究 [M]. 北京：社会科学文献出版社.

佚名，2018. 乡村振兴战略规划（2018—2022 年）[M]. 北京：人民出版社.

张红宇，2018. 乡村振兴战略简明读本 [M]. 北京：中国农业出版社.

张勇，2018. 乡村振兴战略规划（2018—2022 年）辅导读本 [M]. 北京：中国计划出版社.